U0343204

临沂大学博士教授文库
LINYIDAXUE BOSHI JIAOSHOU WENKU

# 工程影响下的
# 细沙粉沙质岸滩
# 地貌演变

王轲道 著

山东人民出版社
全国百佳图书出版单位 国家一级出版社

**图书在版编目(CIP)数据**

工程影响下的细沙粉沙质岸滩地貌演变/王轲道著
. —济南:山东人民出版社,2012.12
ISBN 978 - 7 - 209 - 06948 - 9

Ⅰ.①工… Ⅱ.①王… Ⅲ.①建筑工程 - 影响 -
沙质海岸 - 海岸地貌 - 演变 Ⅳ.①P737.12

中国版本图书馆 CIP 数据核字(2012)第 296566 号

责任编辑:李 楠
封面设计:武 斌

**工程影响下的细沙粉沙质岸滩地貌演变**
王轲道 著

山东出版集团
山东人民出版社出版发行
社 址:济南市经九路胜利大街39号 邮 编:250001
网 址:http://www.sd - book.com.cn
发行部:(0531)82098027 82098028
新华书店经销
山东省东营市新华印刷厂印装

规 格 16 开(169mm×239mm)
印 张 11.5
字 数 170 千字
版 次 2012 年 12 月第 1 版
印 次 2012 年 12 月第 1 次
ISBN 978 -7 -209 -06948 -9
定 价 30.00 元

如有质量问题,请与印刷单位调换。电话:(0546)6441693

# 自强不息　厚德载物

## ——《临沂大学博士教授文库》总序

### 临沂大学校长　韩延明

《易经》云："天行健，君子以自强不息；地势坤，君子以厚德载物。"我以为，摘得诺奖者莫言便应该是这样一位自强不息、厚德载物的"君子"。2012 年 10 月 11 日，著名作家莫言荣膺诺贝尔文学奖，成为首位中国籍诺贝尔文学奖获得者。多少年来，"诺贝尔"和"奥斯卡"成了中国人的两大心结。我们一直在矻矻追求，却总是擦肩而过，令国人纠结。莫言的获奖，坚定了中国知识分子进一步"敢为天下先"冲刺世界一流的决心和信心，同时，也向大学的博士教授们提出了更加严峻的挑战。

众所周知，博士乃博学有识之士，教授乃教书育人之师，博士教授乃大学之中流砥柱。正如被誉为清华大学"终身校长"的梅贻琦先生所言："所谓大学者，非有大楼之谓也，有大师之谓也。"任何一所大学，永远都是由这所大学的教师们来播撒知识、培育人才、发展学术、引领社会的。无论是国内大学还是国外大学，不管是部属大学还是省属大学，"腹有诗书气自华"的博士教授们始终是大学改革创新的强力推进者、优秀人才的辛勤培育者、学术精神的坚定捍卫者、科学真理的勇敢探索者与大学优良传统的忠诚继承者和弘扬者，同时还是披肝沥胆、磨石铸剑、"为天地立心，为生民立命"的攻坚者和开拓者，是智慧的化身、科学的代表和正义的力量，是人类进步与世界文明的虔诚守护神。纵览世界各国大学的历史发展，大学之所以历久弥新而始终薪火相传，就在于大学的真、善、美，就在于大学的博、智、雅，就在于大学研究"高深学问"的宗旨一直绵延相续。大学人体现的是学问和精神。他们默默耕耘且任劳任怨，竞知向学而淡泊名利，心忧天下而平凡度日，穷情育才而不图回报。《礼记·中庸》中所说的"博学之、审问之、慎思之、明辨之、笃行之"，便是他们做人做事做学问的真切体现。正如北京大学"永远的校长"蔡元培先生所释："大学者，研究高深学问者也"；"大学者，囊括大典、网罗众家之学府也"。从某种意义上可以说，一所大学的声望，归根到底是校友的名望；一所大学的发展，归根到底是学术的拓展；一所大学的活力，归根到底是大师的魅力。

诚然，大学最基本的职能是教学，教学是教师的天职。没有教学，就不是一所真正意义上的现代大学；没有以教学为本、育人为先的大学教师，大学的质量提升、内涵发展、学术突破、特色凸显和品牌创建也就无从谈起。然而，大学还是知识继承、生产、传播和创新的学术机构。大学之为大学，就在于其拥有一种学术无疆的世界胸怀。学术繁荣是大学向心力、生命力和感召力的集中体现。探索真理、发展科学，是每一位大学教师义不容辞的重要职责，也是每一所大学责无旁贷的神圣使命，因为大学不仅要适应社会、服务社会，还要批判社会、引领社会。与钱学森、钱三强合称为"三钱"的中国近代力学奠基人之一、曾任上海大学校长达 27 年之久（1983~2010）的钱伟长院士曾经对教师们说过："你不教课，就不是教师；你不搞科研，就不是好教师。"教学和科研是大学教师彼此推动、相辅相成的本职事业。在西方，从古代的柏拉图、亚里士多德，到近代的亨利·纽曼、威廉·冯·洪堡等，都无一例外地把学术探究作为大学教育的一项基本职能。尽管现代大学受到了越来越多的外部因素的牵扰或干涉，但学术传承与创新依然是大学生生不息、代代相传的基本依托。大学虽历经沧桑巨变，但至今仍然是靠知识和智慧生存与发展的学者群体的学术组织。作为博学善思的博士教授们，理应躬身以行、率先垂范，增强学术实力、遵守学术规范、坚持学术争鸣、提升学术水平，以求真、求善、求美、求新为目标，在教书育人的同时，自觉地把时间和精力集中到学术研究上来，使自己始终立于学科、专业的发展前沿与战略高地，真正成为具有精深学术造诣和高尚人格魅力的专家、学者，成为本学科当之无愧的学术带头人和拔尖创新人才。我们要凭着中国知识分子几千年来所形成的那种道义、人格、理想和拼搏精神，凭着对国家和民族未来的一种强烈的忧患意识和竞进意识，凭着大学教师被赋予的那种神圣职责和光荣使命，坚守"富贵不能淫、贫贱不能移、威武不能屈"的士子风骨，道德高尚地去做人、做事、做学问。但近年来，学术道德失范却如一颗"毒瘤"，侵蚀着学人的身心。抄袭剽窃成风，权学交易泛滥，"关系学术"肆虐，"金钱学术"走俏，使学术伦理面临异化和崩盘的危险，令人心痛。这不仅严重损害了学术研究者的形象和声誉，而且对大学长远发展和社会整体运行都造成了可怕的负面影响。究其原因，乃在于当下"心浮气躁"之风盛行。"智圣"诸葛亮有言，"淡泊以明志，宁静以致远"，这非常契合中国知识分子的特质。对博士教授们而言，心静既是一种氛围和情愫，又是一种信念和境界；既是一种淡然而淡定的安宁，也是一种神圣且神秘的安静。心静是一种品质。心静才能滋养生命、修养心灵。大学正是在非同凡响的宁静中包蕴着纯正、质朴、深刻、卓越、文明、洁雅，即所谓"深深的水，静静地流"，从而彰显出博士教授们那种渊博的学识、深邃的睿智、高洁的品格、强烈的责任、拼搏的精神和崇高的境界。我们要通过传道、授业、解惑，通过学习、思考、实践，点燃和升华学生的梦想，并为学生的梦想插上强劲的翅膀，使他们真正成为德才兼备的社会栋梁。

德国著名教育家雅斯贝尔斯说过："大学是研究和传授科学的殿堂，是教育新人成长的世界，是个体之间富有生命的交往，是学术勃发的世界。"大学回归学术本位，重要的是尊重学者人格，鼓励学术卓越，打造学科品牌。我认为，一个人就像一粒种子，天生就有强烈的要发芽的欲望，只要具备一定的条件。为了积极催发"种子"发芽、强力推进学术突破，临沂大学全面贯彻"治教学、治学科、治学术、治学风"的"教授治学"理念，强力推行"导向科研、导向基层"政策，不断构筑学科高地，培育学科高峰，吸纳学科高人，提倡和引导教师们"发表高水平论著、申报高层次课题、获得高级别奖项、争取高额度经费、研发高科技专利"，全力营造浓厚、宽松、和谐、相对自由的学术环境和科研氛围，进一步激发全校教师学术研究的积极性、主动性和创造性，现已初步呈现出百舸争流、千帆竞渡的强劲发展势头。教师们奋力拼搏、严谨治学，坚守学术批判精神与创新精神有机结合，高水平论著不断涌现，高层次课题不断展现，高级别获奖不断呈现，高额度经费不断实现，高科技专利不断发现。绳锯木断，水滴石穿，贯通学识，求知凝练涓涓细流汇成海；白驹过隙，稍纵即逝，捕捉灵感，妙思汇集句句明理著为书。在《临沂大学博士教授文库》编纂委员会的组织、指导与协调下，首批《临沂大学博士教授文库》即将由山东人民出版社付梓。"雨余观山色，景象便觉新妍；夜静听钟声，音响尤为清越。"我相信并且坚信，我校首批学术专著的出版发行，定会对各位博士教授各自研究的领域有所帮助，也必将为下一步个人乃至全校科研水平开启更为广阔的世界。同时，这批成果也是我校由临沂师范学院更名为临沂大学之后首批立项资助出版的学术著作。它既是学校高水平成果培育计划步入规范化、系列化、制度化、科学化轨道的一个重要标志，也是学校认真贯彻落实国家教育部、山东省教育厅高等院校教学质量建设工程精神、促进学校内涵发展的一项重大举措。

修改、审定本序之时，恰逢本人由中共中央组织部派往中国延安干部学院培训学习。其间，除在课堂内聆听老师讲授"基础理论课"之外，我们还通过"现场体验课"走出课堂，参观考察了中共中央在延安十三年期间留下的众多革命古迹和伟人故居，深受感染、熏陶和教育。特别是瞻仰了位于枣园的"毛泽东故居"之后，我更是为毛泽东同志那种身居窑洞、点燃油灯而刻苦读书和勤奋著述的顽强拼搏精神深深打动。据记载，1943年10月至1945年12月两年间，在枣园半山坡那阴暗潮湿的狭窄窑洞里，毛泽东同志不仅酝酿发动了南泥湾大生产运动，指挥了抗日战争，组织开展了整风运动，筹备召开了党的第七次全国代表大会等，而且废寝忘食、见缝插针地学习和写作。他在当时艰难困苦、资料匮乏的境况下，撰写了一系列振聋发聩、影响久远的鸿篇大作。《学习和时局》《为人民服务》《论联合政府》《愚公移山》《抗日战争胜利后的时局和我们的方针》《文化工作中的统一战线》《关于重庆谈判》《建立巩固的东北根据地》等名篇均创作于此，这些著述仅收入后来《毛泽东选集》的就有28篇之多，令人肃然起敬，使我们深受教育、启迪和鞭策。拿破仑说过："聪明的人会抓住每一次机会，更聪明的人会不断创造新的机会。"一个人，想要优秀，必须去接受挑战；想要尽快优秀，必须去寻找挑战。"大学之道，在明明德，在亲民，在止于至善。"大学是我们产生梦想的地方，大学也是我们梦想成真的地方。

　　感慨系之，是为序。

草于临沂大学明静斋

2012 年 10 月 20 日

# 前　言

　　新世纪是海洋的世纪，研究海岸带是海洋研究的一个重要内容。海岸带是地球表面最为活跃、现象与过程最为丰富和复杂的自然区域，也是资源、环境条件最为优越的区域，更是人类活动最密集的地带。随着人口增长及生态环境的恶化，人类生存空间的危机越来越突出，作为人类以及其他多种生物重要食物来源和聚居活动场所的海岸带，特别是海岸滩涂，受到人类活动的直接和间接影响越来越显著。因此，研究人类活动所建的海岸工程对海岸地貌发育演化的影响，对合理开发利用、保护海涂资源及海岸带的可持续利用有着非常重要的意义。

　　在自然和人类双重力量的作用下，海岸带的资源和环境正经历着前所未有的异常变化。人类通过海岸带开发获得巨大利益的同时，对海岸带地区人类和资源的和谐、资源开发与环境的协调也产生了影响。任美锷通过对华北海岸带由人类活动直接和间接产生的若干大型海岸地貌以及沉积作用的研究，提出"人为海岸地貌"概念。罗章仁等在分析各种人为活动导致的海岸地貌效应时，提出"人类活动对海岸动力地貌影响的量级，在特定的时间与空间已达到起决定作用的程度"。K. 休伊特分析了地貌过程中的人为因素，认为人类活动的地质应力"对地表物质的搬运、传输和沉积在一些工业国家正接近甚至已超过自然过程"。人类不仅已经成为一种地质因素，甚至在有些方面已超过了自然本身。研究海岸带系统内部各因素对海岸自然环境的影响与反馈，特别是人类活动所建造海岸工程对海岸环境的影响和反馈，是海岸地貌学研究的重要课题。此领域的研究对地貌学向应用科学扩展和实现海岸带可持续发展有重要的理论和实践意义。

人类在开发利用海洋资源的实践中不断加深了对海洋的认识，积累了越来越多的海洋知识，这些海洋知识又指导着人类更好地开发海洋。在海洋工程（如护岸、丁坝、防浪墙、拦沙堤、码头、航道等）的规划、实施和使用中，海洋综合动力强度、泥沙运动规律、海岸稳定性及演变过程是决定海岸工程成功与否的重要因素。因此，海岸工程影响下岸滩变化的研究还具有深远的现实意义。

## 一、研究内容

### 1. 茅家港岸段的背景和特点

在分析江苏海岸的背景特点的基础上，分析吕四海岸的形成演变、泥沙特点、动力环境特点，以便进一步研究工程影响下的茅家港附近岸段岸滩地貌变化。

### 2. 茅家港航道防护工程建造前后岸滩地貌变化

运用茅家港工程建造前后七个不同时期的滩面地形图，通过不同位置滩面剖面的变化定性研究茅家港附近滩面在工程建成后的冲淤变化，估算不同位置的滩面冲淤量。用 ERDAS 软件将不同时期的地形图进行配准和数字化形成矢量图层，再用 ArcView 软件生成不同时期的茅家港附近滩面数字高程模型（DEM），通过 DEM 计算来定量研究、分析滩面地形的变化，计算不同位置、不同时间段的冲淤厚度和冲淤量，通过定量计算突堤之间滩面的落淤百分比和滩面平均高程的变化，研究茅家港突堤之间滩面的淤积趋势。

### 3. 离岸堤—丁坝组合促淤工程建造后岸滩地貌变化

离岸堤—丁坝组合工程建造后，离岸堤内的滩面由冲刷状态变为淤积状态。利用离岸堤工程建造前后四个不同时期的滩面地形图，用不同位置滩面剖面的变化定性地研究离岸堤内滩面淤积的纵向和横向变化，研究离岸堤内滩面的淤积规律，比较离岸堤、高潜堤和低潜堤内滩面淤积的差异；通过离岸堤促淤工程区内滩面的淤积计算，研究滩面的淤积趋势，并与实测结果进行比较，探讨二者存在差异的原因。

4. 滩面沉积物粒度、磁化率和孢粉变化

在滩面的不同位置采沉积物样品，在室内进行粒度、磁化率和孢粉的测量分析。通过研究茅家港附近滩面的粒度、磁化率空间变化和时间变化，进而研究茅家港附近滩面水动力的变化和滩面冲淤的原因机制；通过研究离岸堤内滩面沉积物粒度、磁化率和孢粉变化，研究离岸堤内滩面沉积动力环境的变化，并推算滩面沉积速率。

5. 细沙粉沙质海岸工程区不同位置的冲淤与淤泥质海岸、沙质海岸的比较

研究细沙粉沙质海岸工程区附近的冲淤规律。由于细沙粉沙质海岸和淤泥质、沙质海岸的泥沙特性和海岸动力不同，使三种海岸的泥沙运动的动力机制不同。在海岸建造的突堤和离岸堤等海岸工程，在工程区的不同部位形成了滩面冲淤。通过三种海岸的工程区滩面冲淤分布的比较，研究细沙粉沙质海岸工程区不同位置的冲淤形态特点，并与淤泥质、沙质海岸工程区不同位置的冲淤形态进行比较。

## 二、研究目标

本书的研究目标包括以下几方面的内容：

1. 突堤之间滩面淤积趋势的研究，通过计算落淤百分比和滩面高程，研究突堤之间滩面淤积的趋势与速率。

2. 茅家港工程不同位置滩面的冲淤变化以及冲淤的原因机制，即用定性与定量相结合的方法研究茅家港滩面的冲淤变化规律和趋势，并用海岸动力学的知识科学合理地解释滩面变化的原因机制。

3. 离岸堤内的滩面淤积形态变化及原因机制的研究，即研究离岸堤建成以后堤内滩面的淤积形态变化及其原因，通过淤积计算研究分析离岸堤内的滩面淤积趋势。

4. 滩面沉积物粒度、磁化率和孢粉变化的研究，即通过滩面沉积物粒度、磁化率和孢粉的测量分析，研究滩面沉积动力环境的变化和沉积速率的变化。

5. 细沙粉沙质海岸工程区冲淤分布与淤泥质海岸、沙质海岸的比较

研究。

## 三、研究的创新点

在地貌演化过程中，人类不仅已经成为一种地质因素，甚至在有些方面已超过了自然的因素。人类活动对地貌过程的影响在某些情况下已超过自然本身。本研究就是在分析研究吕四海岸背景的基础上，进一步研究在侵蚀性细沙粉沙质海岸上建造防淤减淤类工程和防冲促淤类工程后滩面地貌格局的变化。与其他相关研究相比，本书研究具有如下特点：

1. 对细沙粉沙质海岸工程影响下的岸滩演变进行了研究

以往对海岸地貌的研究主要强调海岸演变的自然过程，以及工程影响下沙质海岸、淤泥质海岸的岸滩演变，而细沙粉沙质海岸在工程影响下的岸滩演变以及岸滩自然演变与工程影响下演变的对比方面尚无深入系统的研究。本书以茅家港附近岸段为例，将细沙粉沙质海岸岸滩自然演变规律和工程建设后地貌的变化相结合，分析研究了海岸工程建设对岸滩地貌演变的影响。

2. 将 GIS 技术手段应用于细沙粉沙质海岸岸滩地貌演变的研究

应用 GIS 方法，将不同时期的地形图进行了数字化并形成数字高程模型（DEM），用 DEM 定量研究滩面的冲淤变化量和冲淤变化趋势，并通过滩面落淤百分比的计算和平均高程的计算研究突堤之间滩面地形的变化趋势。

该研究的创新点如下：

（1）茅家港物理模型试验与岸滩地貌实际变化的相互验证

物理模型试验一般是通过试验研究预测工程建设后岸滩的冲淤变化，而实测资料由于时间间隔较大，难以准确反演地貌变化过程。本书通过对工程建设前后地貌变化趋势分析，结合物理模型试验，实现了模型试验结果与地貌实际变化的相互验证。研究发现，物理模型试验结论与工程建设后地貌实际变化情况基本吻合，但由模型试验中对水动力和模型沙进行了一定的概化，而实际海岸泥沙和动力环境相对复杂，致使模型中的滩面冲淤与实际的滩面冲淤有部分出入。但物理模型试验较好地反演了茅家港滩面地形的变化，可见物理模型试验是研究滩面地形变化的有效方法。

（2）细沙粉沙质海岸工程建设后岸滩冲淤规律不同于沙质海岸和淤泥质海岸

对茅家港航道防护工程和离岸堤—丁坝组合防冲促淤工程建设前后的地貌整体变化分析可以看出，原本强烈侵蚀的细沙粉沙质海岸在工程建设后由于局部动力泥沙环境改变，短期内造成了岸滩局部的大冲大淤——动力环境减弱的区域由侵蚀变为淤积而动力环境加强的区域侵蚀加剧。这种冲淤动态在工程建设后逐渐减缓，并在 2~3 年后达到相对稳定的动态平衡。其最终冲淤形态与沙质海岸和淤泥质海岸均有所差别，即：研究区突堤的上游滩面冲刷、下游滩面淤积，而在沙质海岸的冲淤趋势恰好相反；离岸堤内的淤积沙嘴开始紧靠离岸堤的背后并向岸发展，随后出现由岸向海发育的淤积沙嘴，最后形成鞍形的岸滩地形。细沙粉沙质海岸离岸堤工程建设后，出现这两种发育方向截然相反的淤积形态，这是一种不同于淤泥质海岸和沙质海岸离岸堤建造后的新淤积形态。

（3）研究中综合运用多种方法，不同研究方法得出的结论得到相互验证

本书应用新的 DEM 技术对工程建设前后不同时段地貌变化进行定量计算，同时用数值计算、物理模型试验和滩面沉积物粒度、磁化率和孢粉分布和变化的分析等方法对工程建设前后岸滩地貌变化过程进行反演，得出工程建设后地貌变化过程和趋势与实测结果相一致的结论。

### 四、研究的结论与展望

1. 研究结论

（1）侵蚀性细沙粉沙质海岸工程建成后，岸滩地貌发生明显的变化

茅家港双突堤航道防护工程建成后，滩面不同位置发生了明显的冲淤变化，改变了茅家港附近滩面的地貌格局：堤内滩面以淤积为主，到 1993 年 9 月滩面淤积达到平衡；而口门处、堤头两侧及堤头外 300m 范围内的滩面被侵蚀；东堤外侧滩面处于淤积状态，滩面被淤高；西堤外侧滩面处于侵蚀状态，滩面逐渐降低。

（2）茅家港工程附近滩面冲淤变化存在着明显的季节变化，淤积形态特殊

茅家港滩面在自然条件下和工程影响下的冲淤变化，都有春、夏季节滩面淤积，秋冬季节滩面冲蚀的季节变化规律。细沙粉沙质海岸的突堤的冲淤分布：突堤的上游侵蚀、下游淤积。不同于沙质海岸离岸堤内的泥沙冲淤分布。

（3）突堤之间不同时段，淤积速率不同

经计算，1991 年 11 月～1992 年 12 月，突堤内落淤百分比为 62%，平均淤积速率达 0.008m/月；1992 年 12 月～1993 年 9 月，突堤内落淤百分比为 21.8%，平均淤积速率仅 0.004m/月。滩面在建坝初期淤积较快，随着时间的延续，淤积逐渐减慢，到 1993 年 9 月（工程建成后 2 年）冲淤逐渐达到平衡状态。达到平衡状态后滩面不同位置的冲淤变化是由滩面水动力季节变化引起的。

（4）离岸堤—丁坝组合工程区内的淤积分布有明显的差异

离岸堤促淤工程的建成，使离岸堤内的滩面出现了明显的淤积。离岸堤所产生的淤积效果最佳，淤积的速度最快，幅度最大，并形成了与原始滩面倾斜方向相反（即向陆倾斜）的新滩面；其次是高潜堤，淤积的速度较快，幅度较大，并且也形成了与原始滩面倾斜方向相反（即向陆倾斜）的新滩面；低潜堤最差，淤积的速度最慢，幅度最小。

（5）离岸堤内滩面的淤积具有特殊的淤积形态

离岸堤促淤工程建成后，离岸堤内比波高越小的位置，波浪被减弱得越多，水动力越弱，滩面落淤快，落淤厚度大；相反，则滩面落淤厚度小。淤积形成的新滩面向陆倾斜。研究发现：细沙粉沙质海岸的离岸堤内滩面的淤积分布与淤泥质海岸、沙质海岸的分布都不同，淤积沙嘴开始是紧靠离岸堤的背后，淤积达到平衡后，滩面泥沙在波浪作用下又从海堤向海、从离岸堤向陆同时淤长，形成鞍形的地形。

滩面淤积计算的结果和利用粒度、磁化率和孢粉研究的结果都表明：离岸堤内的滩面淤积在建堤后 3～4 年内就达到平衡状态，以后即使淤积时间再延长，滩面变化不再受到工程建设的强烈影响，而表现为与区域泥沙

动力环境变化引起的整个海岸淤蚀动态一致。

（6）滩面粒度、磁化率和孢粉变化与滩面淤蚀动态的一致性

茅家港突堤内外滩面，随着离岸距离的增加，沉积物的粒度逐渐变粗，磁化率增大；突堤之间滩面沉积物的粒度比突堤外侧的细，磁化率比突堤外的小，反映了突堤内的水动力比突堤外的弱。离岸堤内的滩面柱状图的粒度、孢粉和磁化率的分布和变化都表现出 3～4 个旋回，这证明：离岸堤建成后，滩面起初淤积速度很快，后来逐渐减慢，3～4 年滩面淤积达到平衡状态。

2. 研究展望

通过研究，作者认为以下两个方面的问题需进一步做深入的研究工作：

（1）与相同条件下的其他地区海岸工程地貌的比较研究需进一步加强。就茅家港岸段而言，进行海岸工程地貌的研究虽然具有代表性，但由于地理环境的复杂性和区域的差异性，各地区海岸的泥沙特点、动力条件等往往有所不同，加强不同地区海岸工程地貌的比较研究，有利于扩大海岸工程地貌的研究范围和应用范围，可为更有效地利用和保护更大范围内的滩涂资源提供科学依据。作者正主持的山东省自然基金项目"工程影响下的粉沙质海岸环境演变及岸滩防护模式研究"，以东营港为例研究工程影响下的粉沙质海岸环境演变。通过对两个项目资料的整理和分析，可进行相同条件下的海岸工程地貌的比较研究。

（2）应进一步加强对利用动力模型研究和预测海岸工程地貌演化趋势的探索。对海岸工程影响下的岸滩地貌变化进行研究和预测，可为海岸保护和航道防护提供科学依据。依据水动力条件、泥沙特性，建立动力模型，可更科学地预测滩面的变化趋势，提高滩面变化预测的准确性。因此，数字高程模型与动力模型相结合是海岸工程地貌研究的新方向。

# 目　录

**自强不息　厚德载物**
　　——《临沂大学博士教授文库》总序 ················· 韩延明　1

**前　言** ························································· 1

**第一章　绪　论** ·············································· 1

　第一节　选题背景及研究意义 ····························· 1

　　一、海岸工程影响岸滩地貌 ····························· 1

　　二、课题支持 ············································· 2

　　三、研究意义 ············································· 2

　第二节　研究现状综述 ····································· 3

　　一、海岸工程对海岸地貌、海岸环境的影响研究 ········ 4

　　二、岸滩地貌变化的研究 ································· 5

　第三节　研究思路与研究方法 ····························· 7

　　一、研究思路 ············································· 8

　　二、研究方法 ············································· 10

　第四节　研究内容与结构 ································· 10

　　一、研究内容 ············································· 10

　　二、本书的基本结构 ····································· 12

**第二章　研究区背景** ········································ 13

　第一节　江苏海岸的发育历史 ····························· 13

第二节　江苏海岸的基本特点 ……………………………………… 16

　　一、海岸类型以淤泥质海岸为主，基岩海岸、沙质海岸较少 ……… 16

　　二、人工岸线占海岸线总长度的比例较大 …………………… 16

　　三、海岸低平，岸线平直，潮间带坡度缓 …………………… 17

　　四、沿海中部岸外有辐射沙洲分布 …………………………… 17

　　五、复杂的水沙环境 …………………………………………… 17

　　六、海岸淤蚀特征 ……………………………………………… 21

第三节　吕四海岸的形成与演变 …………………………………… 23

　　一、吕四海岸的演变历史 ……………………………………… 23

　　二、吕四海岸的动态 …………………………………………… 24

第四节　吕四海岸的水动力环境 …………………………………… 26

　　一、近海的水文特征 …………………………………………… 26

　　二、波浪特征 …………………………………………………… 27

　　三、潮汐特征 …………………………………………………… 29

第五节　吕四海岸泥沙特征 ………………………………………… 29

　　一、泥沙来源 …………………………………………………… 30

　　二、泥沙特性 …………………………………………………… 31

第六节　吕四海岸的近期动态与潮滩地貌特征 …………………… 34

　　一、海域形势 …………………………………………………… 34

　　二、水道与岸滩近期动态 ……………………………………… 35

　　三、断面变化 …………………………………………………… 37

　　四、高潮滩剖面形态及粒度特征 ……………………………… 37

　小　结 ……………………………………………………………… 38

第三章　茅家港双突堤工程建造后的岸滩地貌变化 ……………… 40

第一节　茅家港航道防护工程概况 ………………………………… 40

第二节　工程建造前茅家港岸滩特点 ……………………………… 42

　　一、茅家港岸滩的自然条件 …………………………………… 42

　　二、航道回淤特点 ……………………………………………… 44

第三节　工程建成后的岸滩地貌变化 ……………………………… 44

一、茅家港滩面不同位置的冲淤变化 ……………………… 49

二、航道位置的变化 …………………………………………… 61

三、细沙粉沙质海岸突堤与沙质海岸突堤引起冲淤的比较 ……… 62

四、滩面地貌的变化 …………………………………………… 64

五、滩面物质组成的变化 ……………………………………… 65

六、滩面地形的极差变化 ……………………………………… 65

第四节 基于数字高程模型的滩面冲淤变化的定量研究 ……… 66

一、高程累积曲线的变化反映的滩面冲淤变化 ……………… 66

二、冲淤厚度 …………………………………………………… 73

三、突堤之间的滩面淤积计算 ………………………………… 83

第五节 茅家港沉积物粒度变化和磁化率变化 ………………… 87

一、滩面沉积物的粒度变化 …………………………………… 88

二、沉积物磁化率变化 ………………………………………… 97

三、磁化率变化与粒度变化的关系 …………………………… 99

四、磁化率变化、粒度变化与水动力的关系 ………………… 101

第六节 茅家港岸滩地貌变化的原因分析 ……………………… 102

一、水动力的变化 ……………………………………………… 103

二、滩面沉积物的变化反映滩面冲淤的变化 ………………… 104

第七节 茅家港岸滩演变的物理模型试验研究 ………………… 107

一、茅家港海域波浪泥沙物理模型设计 ……………………… 108

二、物理模型的建立 …………………………………………… 111

三、物理模型试验 ……………………………………………… 113

四、试验总结 …………………………………………………… 113

小 结 …………………………………………………………… 117

第四章 离岸堤—丁坝组合工程建造后的岸滩地貌变化 …… 119

第一节 茅家港离岸堤—丁坝组合工程概况 …………………… 119

第二节 离岸堤内的淤积分布 …………………………………… 120

一、工程区内的滩面淤积分布 ………………………………… 123

二、细沙粉沙质海岸与沙质、淤泥质海岸的离岸堤内泥沙淤积分布比较 … 129

第三节　离岸堤内滩面淤积厚度的计算 ……………………………… 132

　　一、不同淤积时间后的滩面水深 ……………………………… 133

　　二、淤积厚度 …………………………………………………… 133

　　三、最终促淤厚度 ……………………………………………… 134

　　四、滩面淤积趋势分析 ………………………………………… 135

　　五、计算结果与实测结果的比较 ……………………………… 136

第四节　垂直剖面上孢粉、粒度和磁化率的变化 ………………… 136

　　一、季节性潮滩沉积的孢粉判别 ……………………………… 136

　　二、离岸堤内的垂直剖面上粒度、磁化率与孢粉的变化 …… 137

第五节　离岸堤内滩面淤积的原因分析 …………………………… 139

　　一、泥沙运动 …………………………………………………… 140

　　二、离岸堤内滩面淤积厚度差异的原因分析 ………………… 142

　　三、离岸堤内滩面新淤积形态变化的原因 …………………… 144

小　结 ………………………………………………………………… 145

第五章　结论与讨论 ………………………………………………… 146

第一节　主要结论及创新点 ………………………………………… 146

　　一、主要结论 …………………………………………………… 146

　　二、研究特色及创新点 ………………………………………… 148

第二节　讨论与展望 ………………………………………………… 149

　　一、与相同条件下的其他地区海岸工程地貌的比较研究需进一步加强 … 150

　　二、关于应进一步加强用动力模型研究、预测海岸工程地貌演化

　　　　趋势的研究 ……………………………………………… 150

参考文献 ……………………………………………………………… 151

后　记 ………………………………………………………………… 162

# 第一章 绪 论

## 第一节 选题背景及研究意义

人类活动是影响地貌演化的重要因素。人类活动对地貌过程影响而形成的地貌类型为非自然地貌，被称为人为地貌。"人类已经成一种地理因素，甚至成为一种超自然的力量。"因此，研究人类活动对地貌过程的影响有非常重要的意义。本书研究了人类活动所建造的海岸工程影响下的海岸地貌变化。

海岸带作为人类与海洋联系最密切的地区，已成为世界经济发展的黄金地带。海陆相互作用的研究是人类向海洋进军的前提和阶梯，海岸动力地貌是海陆相互作用的研究重点之一。在海岸动力地貌的研究中，岸滩地貌变化的研究是一项涉及动力、泥沙、地形等因素相互作用的综合研究。对动力—泥沙—地形系统的认识，不但揭示了岸滩地貌变化的内在规律，而且促进了海岸动力地貌的研究。研究人类活动所建造的海岸工程影响下岸滩地貌的变化，丰富了海岸动力地貌的研究内容。

### 一、海岸工程影响岸滩地貌

在海岸附近的滩面上建造建筑物，将引起岸滩地貌发生新的变化，因为建筑物的存在会造成泥沙运动的不平衡。在处于静态平衡的海岸上修筑建筑物不会引起大范围地形变化，只需注意建筑物造成的波浪变形引起建筑物周围局部地形变化，即建筑物的局部冲刷问题；而在处于动态平衡的海岸上修建建筑物，就要特别注意对于沿岸输沙条件的破坏而引起的后果，因为在这种情况下引起的海岸变形常常是大范围的，且变形延续时间可达几十年，这就是人类活动所建造的海岸工程影响下的岸滩地貌演变。

岸滩地貌演变研究的重要方向是以海洋动力理论、泥沙运动理论为基础，逐步从定性向定量发展，在正确认识海域发展历史、环境变化等背景的基础上，科学地复演海岸的演变历史，并能预测在自然条件下和人为作用影响下海岸的发展趋势。人类作用影响下海岸的发展趋势的研究推动岸滩地貌变化的深入研究，具有重要的理论意义。在岸滩地貌变化的过程中，人类活动所建造的海岸工程的影响是不可忽视的重要因素。海岸工程的建设，改变了其附近滩面水动力，进而引起滩面的冲淤变化。目前，尽管一些学者研究了岸滩在自然条件下的发育与演化规律及其机理，且在沙质海岸和淤泥质海岸方面的研究较多且较深入，但对于侵蚀性细沙粉沙质海岸的岸滩地貌的变化，特别是在海岸工程影响下的侵蚀性细沙粉沙质岸滩地貌变化止尚无深入系统的研究。本书在分析吕四海岸特点和在研究海岸自然变化趋势的基础上，将海岸本身的自然动态和工程建造后的岸滩动态进行比较，深入研究了茅家港岸段海岸工程建造前后岸滩地貌变化的规律与机制。

## 二、课题支持

本书在广泛搜集岸滩变化资料的基础上，结合茅家港滩面的观测与测量，研究了茅家港工程建造前后细沙粉沙质海岸滩面地貌的冲淤变化。本研究是在导师王建教授主持的教育部重点资助项目"海岸滩涂演变及可持续利用模式研究"（项目编号：000171）和江苏高校自然科学基金项目"海岸滩涂的形成与演变规律"（项目编号：111110B113）支持下，研究侵蚀性细沙粉沙质海岸工程影响下的滩面冲淤变化及其原因。课题组做了大量关于茅家港滩面地形测量的前期工作，给本研究工作打下了基础。作者又于2003年12月和2004年7月对茅家港附近滩面地形进行了两次新的测量，并采集滩面样在室内进行了粒度分析，结合前期的研究和笔者的滩面测量结果，综合研究了茅家港滩面在工程建造前后直到本书稿完成时的冲淤变化。通过研究可为侵蚀性细沙粉沙质海岸的防护和航道维护提供科学依据。

## 三、研究意义

就江苏粉沙淤泥质海岸而言，由于其特定的动力地貌环境，海岸工程建设相对较少。但随着经济社会的发展和对海洋资源开发的需要，近年来一些大型港口及围海工程项目已经开始实施（如大丰港工程，大唐吕四电厂工程等），这些工程建设必将对相对脆弱的江苏淤泥质海岸的原有地貌格局产生深远影响，只不过这些影响到目前为止尚未完全表现出来；而已有的海岸工程（如茅家港岸段的海岸工程）建设引起的岸滩地貌变化已经表现出来。对茅家港工程地貌的研究，可为论证大型海岸工程对附近岸滩地貌变化的影响提供理论基础。

茅家港岸段是典型的侵蚀性细沙粉沙质海岸，细沙粉沙易起易落的运动特点、该岸段泥沙来源的减少和小庙洪水道的向岸摆动都使该岸段一直处于冲刷状态，该岸段建有航道防护工程（防淤减淤类工程）和离岸堤（防冲促淤类工程）海岸防护工程，这些工程建成后严重影响了附近滩面的发育演化。因此，研究工程影响下的海岸地貌变化，选择茅家港岸段作为研究对象具有典型的代表性。对侵蚀性细沙粉沙质海岸工程地貌进行深入的研究，对于海岸保护和滩涂开发都具有重要的理论意义和实际价值。

本书就是基于上述考虑而设计的，旨在研究分析工程建造前后侵蚀性细沙粉沙质海岸的岸滩地貌演变过程及其机制。传统的地貌学研究方法是通过现场观测和室内分析等手段，从定性的角度分析研究海岸滩面的冲淤变化。本书在研究茅家港侵蚀性粉沙质海岸的滩面在工程建造前后的变化过程中，既采用传统的研究方法（野外观测，室内分析等方法），又运用现代 GIS 技术对滩面地形图进行了数字化并形成不同时期的数字高程模型（DEM）。不仅用定性的方法，而且用定量的方法分析研究茅家港岸段滩面在工程建造前后的冲淤变化，并用物理模型试验进行验证，通过计算研究分析了茅家港附近的滩面冲淤变化趋势，研究滩面冲淤变化的原因机制，从而拓展了海岸动力地貌学的研究领域，扩大了海岸动力地貌学的研究范围和 GIS 技术的应用范围。

## 第二节 研究现状综述

海岸工程的建设影响海岸地貌的海岸动力因素与海岸环境的平衡状态，进而引起海岸地貌和海岸环境的变化。海岸工程尤其是港口突堤式码头及防波堤等港口工程多设置在沿岸或浅海水域，因此海岸工程将加入沿岸浅海水域、浅滩与海洋动力的相互作用中，并对周围的海岸地貌、海洋环境等产生影响。海岸工程主要通过对泥沙输移作用的改变来影响海滩的冲淤过程。

近岸水域的沿岸泥沙流给沿岸各地海滩的发育不断提供沙源，而一旦突出于海中的突堤、防波堤等海岸工程截断了沿岸泥沙运移，将会对海滩发育带来影响。在沙质海岸，海岸工程的来沙一侧海滩淤长，而另一侧除工程根部可能淤积外，其他地区海滩则因沙源亏损而遭侵蚀。在淤泥质海岸建造海岸工程，则在工程的上游海滩侵蚀，而在工程的下游岸滩淤积。那么细沙粉沙质海岸上建造海岸工程后，岸滩地貌变化过程与规律如何呢？本书以茅家港岸段为例，阐述了海岸工程影响下细沙粉沙质海岸的岸滩地貌变化过程与规律。

## 一、海岸工程对海岸地貌、海岸环境的影响研究

海岸地貌、海岸环境是在漫长的自然演化过程中形成的，自然状况的海滩都处于或接近动态平衡的状态，其中涉及四个主要的控制要素：（1）波浪和潮汐能量；（2）物质补充的数量和质量；（3）海滩的形状和位置；（4）海平面的位置。其中任何一个要素的改变，都将引起其他各项要素的自适应性变化。人类活动修建的海岸工程或多或少地改变了上述要素中的一个或几个，显然会影响海滩的自身平衡，从而引起海岸地貌、海岸环境的变化。当然，有时人类活动建造的海岸工程对海岸演化过程的影响要经过很长一段时间才能表现出来。已有一些学者在海岸工程对海岸地貌、海岸环境的影响方面做了一些研究工作。

王成环就京唐港沙堤二期工程的工程动态效应对粉沙质泥沙运动的影响进行了研究，结果发现修筑海堤产生了沿堤流，成为外航道集中淤积的主要动力条件；修筑海堤打破了原自然平衡状态，使原自然粉沙质泥沙运动规律发生了变化，从而影响岸滩的发育演化。徐啸、孙林云研究连云港船厂水域回淤时发现，淤泥质海岸泥沙条件下，波影区是回淤较强区域。姚炎明、王大志等研究了重大海岸工程建设的相互影响，同时指出了海岸工程建设对工程区附近海域水流泥沙环境有重大的影响。丁平兴、贺松林、张国安等用数学模型模拟工程建造前湛江湾冲淤变化的基本态势，然后预测海湾沿岸各期工程可能引起的冲淤强度变化和冲淤区域的空间分布，认为不同规模的海岸工程引起工程区泥沙冲淤变化的范围和幅度各有差异。

潘少明、施晓冬、王建业等研究围海造地工程对香港维多利亚港现代沉积作用的影响时发现，近百年来围海造地、海岸工程建设使维多利亚港的岸线发生了较大的变化，围海造地、海岸工程等造成的岸线变化是影响维多利亚港堆积、侵蚀的主要因素。许长新、邱珍英在《沿海滩涂开发与环境保护的可持续发展》中

认为，不合理的滩涂利用会造成航道淤积，海岸工程破坏了滩涂的自然演化。

陈彬、张玉生等从海岸和海底地貌、水环境质量、海洋生物种类和群落结构等几方面分析了近几十年来福建泉州湾围海工程的环境效应：围海工程促进了海滩的淤浅，减小了内湾的纳潮量和环境容量，使得泉州湾内湾水质恶化，其最终后果为围海工程附近海区生物多样性普遍减少，优势种群和群落结构发生改变。

丁坝、突堤、离岸堤的建设可导致邻近岸段的蚀退，海堤、护岸工程可导致邻近岸段或其他海岸下蚀。连云港西大堤工程建成后的狭长人工海湾内潮流运动得到明显减弱，但由于外部泥沙供应较少，港内回淤亦随之降低，港内水域自然环境发生了变化。虞志英等以连云港地区开敞型淤泥质海岸和杭州湾北岸金山地区强潮流淤泥质海岸为主要研究对象，对海岸工程条件下的近岸地貌演化和环境影响进行了综合分析，认为海岸工程的建成改变了附近海域水动力，改变了水体含沙量，进而改变了滩面的冲淤，使近岸地貌发生冲淤变化，自然环境发生了改变。

人类在海岸修筑的以港口工程为主的海岸工程，在一定区域内对海滩的发育带来不同程度的影响。在区域性海滩遭受侵蚀状态下，沿海港口工程又通过三种不同形式对海滩发育施以影响：一是对沿岸泥沙流的拦阻；二是在局部岸段形成完全或不完全波影区；三是人工岬湾的形成。

海岸工程往往改变海岸动力因素与环境的平衡状态，引起环境变化。韩国的郑信泽等利用包括干湿边界处理的二维潮流模型，研究海岸工程对海岸环境的影响，发现了填海造陆引起的潮汐特性变化和污染物输移趋势的改变。申文蓥等认为，海堤围海造陆过程中吹填区排水携带泥沙的扩散、海堤前修建潜堤改善了生态环境。金次谦根据卫星遥感、水文测验、海水化学分析资料，研究了地貌、潮流运动和水质分布的关系，发现海岸工程改变了海岸地形、潮流运动和水质分布。然而，细沙粉沙质海岸的海岸工程对岸滩地貌变化的影响及其机制，到目前为止尚无深入系统的研究。

**二、岸滩地貌变化的研究**

岸滩地貌变化直接影响着海岸稳定及近海工程的选址和使用，与沿岸国家和人民利益休戚相关。长期以来，一直有一批学者致力于探索、研究和预测海岸演变趋势、岸滩地形变化。

陈宏友根据实地调查和有关文献，论述了南通海涂的冲淤动态，认为造成南通岸滩侵蚀变化的原因是在波浪作用下，落潮流速大于涨潮流速，而滩涂的淤高是涨潮流大于落潮流的缘故，人类活动（如养殖紫菜、种植大米草等）在一定程度上会改变冲淤状况；南通岸滩冲淤动态是淤长和侵蚀都将减慢，岸线向夷平方向发展。当然，在岸滩演变过程中，淤长和侵蚀必定与变化着的水动力条件相互适应而发展，水动力条件又在岸滩的发展中变化，进而给岸滩发展以新的影响。扬世伦、陈吉余研究了植物在潮滩发育演变中的作用，认为植物可使底层流速降低，波浪能量被吸收，沼泽前缘存在侵蚀机制，沉积物粗化，沼泽主体有明显的促淤作用，是细化环境。陈为跃以杭州湾北岸、长江口南岸部分潮滩为例研究了潮滩输移及沉积动力环境，认为波浪及其引起的余环流取代潮流，成为杭州湾北岸、长江口南岸部分潮滩泥沙运动和地貌演变的主要动力，在潮滩发育过程中，潮锋及潮滩波浪的快速衰减有着重要的作用：水动力减弱，使泥沙落淤加快。张忍顺等对江苏岸外辐射沙洲区沙岛形成过程进行了研究，认为江苏岸外沙洲的发育经暗沙、明沙、成岛、并陆四个阶段，条子泥西部的潮沟已趋于稳定，潮滩处于稳定淤积状态，随着沙岛的形成，条子泥西部将自然并陆。樊社军、虞志英等以连云港地区淤泥质海岸为例研究了淤泥质岸滩侵蚀堆积动力机制，认为淤泥质岸滩演变过程中，外部动力条件是相对稳定的，外来泥沙的多寡成为决定岸滩冲淤变化的主要因子；泥沙来源丰富使岸滩淤积并形成浮泥层，浮泥层的消浪作用为岸滩继续淤涨提供了良好的沉积环境；随着岸滩的不断冲刷，深层老沉积层逐渐出露，滩面逐渐粗化，岸滩的抗冲能力逐渐增加；水深增大减弱了水动力对岸滩的作用，使岸滩冲刷趋于平衡。王艳红、张忍顺等对江苏淤蚀转换型淤泥质海岸的演变及形成机制进行了研究，认为江苏北部射阳河口到斗龙港之间的岸段和南部蒿枝港到塘芦港之间的岸段为由淤积向侵蚀过渡型岸段，海岸由淤积向侵蚀过渡的同时，剖面下部的波浪作用强，以侵蚀为主，上部波浪作用相对较弱，表现为淤长型海岸。

陈才俊研究了灌河口至长江口海岸淤蚀趋势，认为侵蚀段潮滩的侵蚀强度很大，但海岸后退的速度逐渐减小；吕四侵蚀岸段随长江口还在不断南移，向北供沙将继续减少。如果不考虑海岸工程的作用，吕四海岸的侵蚀还会有所增加，但此区域岸滩防护工程较多，标准也较高，使海岸蚀退速度大大减慢，而以海滩的蚀低为主。未来吕四岸滩侵蚀状况能否得以改善，主要决定于海岸工程的作用。张忍顺研究了苏北黄河三角洲及滨海平原的成陆过程，认为苏北海岸原属于堡岛海岸，黄河夺淮入海期间演变为淤泥质平原海岸，黄河北归使废黄河陆上和水下三角洲受到强烈侵蚀，侵蚀下来的泥沙主要向南搬运，岸外沙洲调整成辐射状，侵蚀岸段逐年向南扩大，中部海岸淤长速度逐渐减缓。

综上所述，海岸演变的研究思路可归结为两种：其一是从地理学的角度进行研究，即从某一地区的地质构造、海岸发育及演变历史、海岸沉积物特征出发，定性地研究海岸的演变历史及发展趋势，这种类型研究的空间尺度和时间尺度都较大；其二是海洋工程学的研究，即利用经验理论分析、物理模型、数值模拟等手段，通过研究海岸水动力和泥沙运动机制，定量分析海岸的短期变化，这种研究的时间尺度和空间尺度往往较小。将这两种研究思路结合，在认识海岸长期演变的基础上定量分析其短期变化，将从动力机制上分析海岸的短期变化与海岸长期地貌演变趋势相结合，综合研究工程影响下的海岸演变过程，做到短期变化与长期演变相结合、微观动力机制与宏观动态相结合，是岸滩变化乃至动力地貌学研究的一个重要方向。但长期以来，由于各个专业的限制，这样的研究还开展得很少。徐敏用两种研究思路相结合的方法研究了苏北废黄河三角洲粉沙质海岸的岸滩自然变化规律，建立模型预测了岸滩自然变化，计算的冲淤范围和冲淤趋势与实测的地形变化基本相符，结论为苏北废黄河三角洲粉沙质海岸为侵蚀型海岸，控制该海区侵蚀强度和海岸演变的决定性因素是2m以上的大浪；$-5m \sim -10m$ 的水下岸坡，在平均波浪和潮流的共同作用下，产生冲刷，是侵蚀最强烈的岸段，形成下凹形水下岸坡形态。然而，到目前为止对海岸工程影响下的细沙粉沙质海岸的岸滩地貌变化的规律与机制尚无深入系统的研究。

## 第三节　研究思路与研究方法

海岸工程影响下的岸滩地貌变化研究是一项涉及动力、泥沙、地形等诸因素的综合研究，它不仅包括海岸工程附近海域的水动力特性、泥沙的运动等问题，还包括人类活动影响下岸滩地貌变化及原因的研究。因此，本书在研究茅家港岸滩变化过程中，首先从茅家港岸滩的环境背景入手，研究茅家港岸段在工程建造前后的岸滩地貌变化，并通过研究粒度变化和磁化率变化及二者所反映的沉积动力环境的变化，研究粒度、磁化率变化与滩面蚀淤变化的关系。

## 一、研究思路

人类活动所建造的海岸工程对细沙粉沙质海岸的岸滩演变有何影响，这一问题是本书研究的出发点。回答这一问题的合适方法是研究海岸工程建造前后的岸滩地貌变化，探讨海岸工程影响下的岸滩变化规律和机制。

对于工程建造以前滩面变化，主要从岸滩发育历史、自然演变出发，研究滩面自然冲淤变化规律。本书从分析吕四海岸背景入手，研究滩面地貌自然变化的原因。此部分的内容包括江苏海岸形成演变的背景和在此基础之上的吕四岸滩发育变化。

对于工程建成以后的滩面变化，一方面利用不同时期的滩面地形图进行比较，估算不同位置滩面的冲淤量，定性研究工程建造前后的不同位置的滩面冲淤变化；另一方面，为进一步科学、准确地研究滩面的冲淤变化，对不同时期的地形图进行数字化后生成不同时期的数字高程模型，利用数字高程模型进行高程累积曲线统计、差值计算分析、统计差值频数分布图等方法研究滩面的冲淤变化。同时，通过研究磁化率变化、粒度变化和二者的关系来研究滩面上沉积动力环境的变化，用海岸动力学分析研究滩面冲淤的原因。工程建成后的研究包括：定性研究滩面不同位置的冲淤变化；定量计算滩面不同位置的冲淤变化量，通过计算研究突堤内滩面的淤积趋势，比较细沙粉沙质海岸与淤泥质、沙质海岸突堤附近的滩面冲淤分布规律的不同。研究离岸堤工程建成后工程区内的滩面淤积变化。通过剖面对比，定性研究滩面不同位置的冲淤变化；利用柱状剖面图上粒度、磁化率和孢粉的变化，分析研究滩面的淤积速率的变化。利用淤积公式计算离岸堤内滩面不同位置的淤积厚度，研究滩面的淤积趋势。用水动力学对离岸堤内滩面淤积规律进行合理的解释，并与沙质海岸离岸堤内的泥沙淤积规律进行比较，研究细沙粉沙质海岸的离岸堤内滩面的特殊淤积形态。本书的研究思路如图 1 - 1 所示。

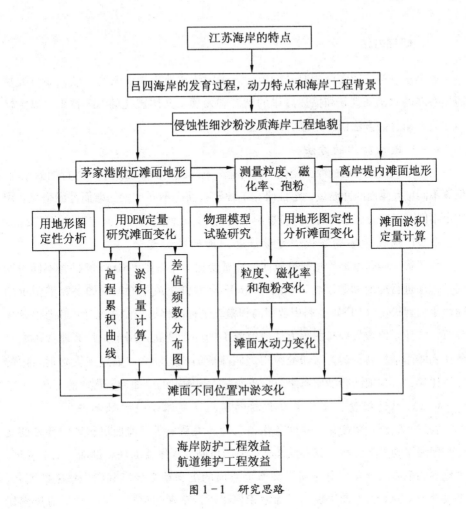

图 1-1 研究思路

具体步骤如下：

1. 研究区资料的收集：调查和获取研究区（吕四茅家港岸段）的不同时期的滩面地形资料，沉积物粒度、磁化率、孢粉资料，潮流和波浪资料等。

2. 利用剖面比较的方法，定性研究茅家港滩面不同位置的冲淤变化。

3. 将茅家港不同时期滩面地形图数字化形成不同时期数字高程模型。

4. 用数字高程模型定量研究滩面的冲淤变化，分析滩面冲淤的趋势。

5. 通过研究粒度、磁化率和孢粉的变化，研究滩面水动力的变化，进而研究茅家港滩面的淤蚀动态变化、离岸堤内滩面淤积的趋势与形态。

## 二、研究方法

本书从分析吕四海岸的背景入手，既采用传统地理学的研究方法，通过大量历史资料的对比来判断和描述海岸的动态和发展，又用现代的 GIS 技术，以定性与定量相结合的方法研究岸滩的冲淤变化。

### （一）剖面对比的方法

研究工程建成前后的滩面变化，利用七个不同时期的滩面地形图进行剖面比较，估算不同位置滩面的冲淤量，定性研究工程建造前后不同位置的滩面冲淤变化。用四个不同时期滩面地形图的不同位置剖面改变，定性研究滩面不同位置的冲淤变化。

### （二）通过数字高程模型定量计算滩面的冲淤变化

为了进一步科学准确地研究滩面的冲淤变化，作者用 ERDAS 软件将不同时期的地形图进行配准和数字化，然后用 ArcView 软件生成不同时期的茅家港附近滩面数字高程模型（DEM），利用数字高程模型进行高程累积曲线统计、和差值计算分析、统计差值频数分布图等方法研究滩面的冲淤变化。用定量计算滩面落淤百分比和滩面平均高程的方法研究突堤之间滩面的淤积趋势。通过突堤附近滩面的冲淤比较，研究细沙粉沙质海岸与沙质海岸丁坝附近的滩面冲淤规律的不同。

### （三）通过粒度、磁化率和孢粉的变化研究滩面的淤蚀动态

通过研究磁化率变化、粒度变化和二者的关系来研究滩面沉积动力环境的变化，用海岸动力学分析研究滩面冲淤的原因机制。利用滩面柱状剖面图上的粒度、磁化率和孢粉的变化，分析研究离岸堤滩面的沉积动力环境和淤积速率的变化。用水动力学的知识对离岸堤内滩面淤积规律进行合理的解释，并与沙质海岸离岸堤内的泥沙淤积规律进行比较。

### （四）利用淤积计算的方法研究离岸堤内的滩面淤积趋势

利用离岸堤促淤工程的淤积公式计算滩面不同位置不同淤积时间的淤积厚度，研究离岸堤内滩面的淤积趋势。

# 第四节　研究内容与结构

## 一、研究内容

本书以江苏吕四岸段的茅家港海岸工程为例，在课题组对研究区进行多次野

外观测、测量和采样的前期工作的基础上，结合近期实地的采样分析和滩面地形测量，研究海岸工程影响下的侵蚀性细沙粉沙质海岸的岸滩地貌的变化。利用滩面地形图剖面比较的方法，定性研究滩面的冲淤变化，并用 GIS 技术手段，定量研究茅家港附近滩面的冲淤变化。

具体研究内容包括：

（一）茅家港航道防护工程建造前后岸滩地貌变化

运用茅家港工程建造前后七个不同时期的滩面地形图，通过不同位置滩面剖面的变化定性研究茅家港附近滩面在工程建成后的冲淤变化，估算不同位置的滩面冲淤量。用 ERDAS 软件将不同时期的地形图进行配准和数字化形成矢量图层，再用 ArcView 软件生成不同时期的茅家港附近滩面数字高程模型（DEM），通过 DEM 计算分析来定量研究滩面地形的变化，计算不同位置、不同时间段的冲淤厚度和冲淤量，通过定量计算突堤之间滩面的落淤百分比和滩面平均高程的变化研究茅家港突堤内滩面的淤积趋势。

（二）离岸堤—丁坝组合促淤工程建造后岸滩地貌变化

离岸堤—丁坝组合工程建造后，离岸堤内的滩面由冲刷状态变为淤积状态。利用离岸堤工程建造前后四个不同时期的滩面地形图，用不同位置滩面剖面的变化定性地研究离岸堤内滩面淤积的纵向和横向变化，研究离岸堤内滩面的淤积规律，比较离岸堤、高潜堤和低潜堤内滩面淤积的差异；通过离岸堤促淤工程区内滩面的淤积计算，研究滩面的淤积趋势，并与实测结果进行比较，找出二者差异的原因。

（三）滩面沉积物粒度、磁化率和孢粉变化

在滩面的不同位置采沉积物样品，在室内进行了粒度、磁化率和孢粉的测量分析，通过研究茅家港附近滩面的粒度、磁化率空间变化和时间变化，进而研究茅家港附近滩面水动力的变化和滩面冲淤的原因机制；通过研究离岸堤内滩面沉积物粒度、磁化率和孢粉变化，研究离岸堤内滩面沉积动力环境的变化，并推算滩面沉积速率。

（四）细沙粉沙质海岸工程区不同位置的冲淤与淤泥质海岸、沙质海岸比较

由于细沙粉沙质海岸和淤泥质、沙质海岸的泥沙特性和海岸动力不同，使三种海岸的泥沙运动的动力机制不同。在海岸建造的突堤和离岸堤等海岸工程，在

工程区的不同部位形成了特殊冲淤形态。通过三种海岸的工程区冲淤分布的比较，研究细沙粉沙质海岸工程区不同位置的冲淤，确定细沙粉沙质海岸工程区附近的冲淤规律。

## 二、本书的基本结构

本书分为四部分：

第一部分是绪论，主要介绍选题背景和研究意义，海岸工程对海岸地貌和环境的影响、岸滩演变的研究进展，论文的研究思路、技术路线和研究方法。

第二部分为茅家港海岸的背景，在分析江苏海岸特点的基础上，分析吕四细沙粉沙质海岸的背景和特点。

第三部分是江苏侵蚀性细沙粉沙质海岸工程影响下的岸滩地貌变化的研究，一是茅家港双突堤航道防护工程建造前后岸滩地貌变化的研究，包括茅家港滩面变化的定性研究和定量研究、滩面粒度和磁化率变化的研究；二是离岸堤—丁坝组合工程建造前后岸滩地貌变化的研究，包括离岸堤内滩面的淤积变化、淤积形态和淤积趋势的研究。

第四部分是研究结论与讨论，对本研究进行系统总结，指出本研究的特色与创新，提出需进一步研究的问题。

# 第二章　研究区背景

## 第一节　江苏海岸的发育历史

黄河从1128年到1855年在江苏北部入海，长达700余年。而江苏海岸带的南端是长江入海口。南北两方的丰富径流带来大量的泥沙，形成广阔的苏北废黄河三角洲、长江三角洲及其间的滨海平原。

江苏海岸除全新世高海面时期海水入侵较深外，海岸线在相当长的时间内大致稳定在赣榆、板浦、阜宁、盐城至海安一线，在海岸线附近形成了数条沿岸堤，其中西冈、中冈和东冈最为有名，成为不同时期海岸线的自然标志。

西冈北起赣榆郑园，经灌云东风、羊寨、龙冈入兴化，再向南经安丰至海安西部。这条沙堤据$^{14}$C年代测定，在7000~5000年前已形成。

中冈是苏北诸沙堤中出露最多和比较连续的一条。它北起赣榆罗阳、大沙，经涟水唐集、灌云青山和灌南新安，向南至永丰，后经大丰三圩和兴化合塔入海安，接扬泰古沙冈。据$^{14}$C年代测定，其形成年代距今4610±100年。

东冈北起赣榆范口、大沙，经灌云下车、灌南城头、滨海潘冈和建湖上冈，再向南经沟墩、盐城、草埝河和东台入海安境。据$^{14}$C年代测定和文物发掘，这条沙堤在3300~3900年前即已开始形成，最迟在2000多年前就已出露。

唐大历年间，黜陟使李承曾在阜宁至盐城一线修筑常丰堰，堰线大致沿东冈。到了北宋，在1023~1027年间，范仲淹又兴建了捍海堰，也是在东冈上，与其后三十余年中在今南通市沿海修筑的海堤，连成了从阜宁以北直抵吕四的绵延数百里的大堤，成为大约1000年前的江苏海岸线的人工标志。

自从1128年黄河夺淮入黄海以来，江苏海岸的北段（灌河口以北）和中段（灌河口至东台—海安交界处）逐渐淤进。而在明弘治七年（1494年）黄河全流夺淮以来，淤积大大加快，海岸迅速东移。

潮墩和沿海烟墩是这一时期海岸线的标志。前者一般应筑在离高潮水边线不远处，后者则筑在岸线附近，用以在敌船由海上入侵时报警。后人通过对这些历史遗迹的考证，得出了明清时期各个朝代的海岸线轮廓。

1128~1855年，不论是河口延伸或三角洲成长速度，还是滨海平原的成陆速度，明显地分为两个阶段。1494年以前，河口淤长速度为54m/a；全流夺淮后，河口延伸速度加快至215m/a。1855年，河口延伸至今河口外近20km处。涟水以下的旧黄河摆荡范围北至寻子口，南达射阳河口，形成了北达灌河、南抵射阳河的苏北黄河三角洲。

黄河入海的大量泥沙不仅直接形成了苏北黄河三角洲，而且经过潮流、波浪作用的参与，在三角洲两翼的海湾中形成了广阔的滨海平原，北连赣榆沙质滩脊海岸，南接长江三角洲。

在射阳新坍-盐城南阳-东台四灶一线，有一埋藏较深的古沙堤，是苏北滨海平原中部的一条沙堤。据[14]C年代测定，这条沙堤在约1000年前开始形成，最迟在十五世纪已出露海面，成为明代中期海岸线的自然标志。

根据历史文献，最迟在元代，江苏岸外已有大片沙洲存在。在清乾隆时的地图上已明确标出这些沙洲，它们主要分布在今大丰县中南部和东台县北部沿海。研究表明，苏北滨海平原的成陆方式以沙洲并陆为主，以并陆后岸线的均匀淤长为辅。

黄河的北归使江苏海岸又经历了一次与前次方向相反的动力泥沙条件的突变。巨量泥沙来源的断绝，使海岸及水下沙洲重新调整。河口区岸线在黄河北归初期大致以1km/a的速度后退，至20世纪初，河口后退速度为300~400m/a。至20世纪70年代，由于海岸防护工程的建造，河口区已基本停止后退。

江苏海岸的南段，即今南通市海岸，与长江三角洲的形成和发育过程密切相关。在新石器时代末期，以今黄桥为中心的河口沙坝已形成，海岸线经海安与北凌间，向北接西冈，向西与扬泰古沙冈相连。至西汉，黄桥河口沙坝已并岸，长江口主体沙坝以金沙镇为中心。岸线经过海安与李堡间，向北与东冈相连，向西南至靖江附近。至唐末，金沙河口沙坝已并岸，以今海门镇为中心的河口沙坝扩大为河口的主体沙坝。该段海岸的北部已推进到李堡-掘港一线，三余湾已形成。至北宋，除三余湾的海滨平原及启东东部尚未成陆外，由于海门河口沙坝已并岸，使江北长江三角洲的陆域面积得到一次迅速扩展。

元代以后，三余湾继续淤长。可见，在明代中期以前，淤进较慢，而后淤积加快。至清光绪年间，古三余湾已全部淤平，至今仍在继续淤进。

　　相反，元末以后的三百年间，南段南部海岸和江岸开始坍塌。这可能与长江主流转向北汊有关。当时的海门县曾五迁其址。至清康熙末年，坍塌停止，海岸大致退到今通吕运河附近。此后沿江长出不少沙洲。至乾隆四十年（1775年），海门平原已大致恢复到元代的规模，岸线在塘芦至悦和港一线。此线以南以后陆续长出一些小沙，称作外沙。光绪二十二年（1896年），外沙又与海门连成一片。至此，启海平原大体形成。

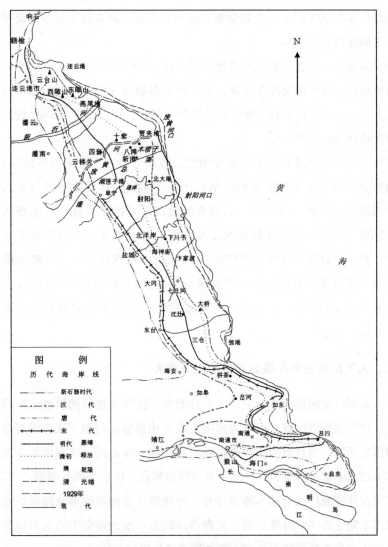

图 2-1　各个历史时期江苏海岸的变迁（任美锷，1986）

## 第二节　江苏海岸的基本特点

### 一、海岸类型以淤泥质海岸为主，基岩海岸、沙质海岸较少

江苏海岸有淤泥质海岸、基岩海岸和沙质海岸三种类型，其中淤泥质海岸占到岸线总长度的90%以上，主要分布在灌河口以南，基岩海岸和沙质海岸合计占岸线长度的比例不足10%。

基岩海岸分布在连云港市的西墅至大阪舣，岸线长约40km。基岩海岸的港湾处有沙质堆积，其余均为海岸悬崖，常分布有多级海蚀阶地。沙质海岸分布于海州湾的北部，兴庄河以北到苏鲁交界的绣针河河口，岸线长约30km，泥沙主要来自当地源短流急的小型河流。

淤泥质海岸是江苏最主要的海岸类型，连续分布在大阪舣以南的江苏沿海，主要由历史时期大江大河带来的巨量泥沙堆积而成，其淤蚀动态与大江大河的变迁关系紧密。1128～1855年，以富含泥沙而闻名的黄河在江苏北部入海，同时，中国第一大河——长江长期在江苏入海，造就了江苏广阔滨海平原和三角洲平原。然而，1855年黄河北归渤海，长江口不断南移，使江苏淤泥质海岸几乎完全失去了外来泥沙供给，一些岸段开始遭受侵蚀。目前淤泥质海岸的侵蚀岸段总长度已超过200km，并有近100km的岸段正在由淤积向侵蚀过渡，侵蚀范围在不断扩大。

### 二、人工岸线占海岸线总长度的比例较大

江苏海岸以淤泥质海岸为主，历史时期古长江和古黄河的供沙使岸线快速向海推进。特别是新中国成立以来为解决工农业用地紧张问题，江苏沿海进行了大面积的围垦活动。到目前为止，除少数淤涨较快的岸段外，江苏淤泥质海岸的潮上带部分已基本全部围垦，在一些严重侵蚀的岸段，海堤外侧甚至缺失潮间上带。人工海堤在江苏海岸线上基本连续分布。海州湾沙质海岸的部分海岸段也修筑了人工海堤来防止海岸的侵蚀后退。只有占岸线总长度比例很小的基岩海岸和一小部分沙质海岸为天然岸线，长度不超过岸线总长度的5%。

### 三、海岸低平，岸线平直，潮间带坡度缓

江苏沿海大部分为海拔低且平坦的滨海平原和三角洲平原。在低平的淤泥质海岸中，中部弶港附近高程最大，约5m（废黄河基面），向南北均逐渐降低，这与江苏沿海各岸段的平均高潮位和平均潮差的分布基本一致。

同时，由于江苏沿海以相对脆弱的淤泥质海岸为主，绝大部分属于中到强潮海岸，且开敞度较好，在强大的潮流和波浪作用下岸线较为平直。特别是黄河北归后，巨量泥沙来源断绝，一度快速淤涨的向海凸出的废黄河三角洲开始遭受严重侵蚀，成为江苏侵蚀后退速度最快的岸段，而向陆凹进的弶港湾则依然能得到大量来自辐射沙洲外缘和南北侵蚀岸段侵蚀所得的泥沙而保持较快的淤长速度，成为江苏海岸目前淤涨最快的岸段，因此江苏海岸有进一步平直化的趋势。

历史时期快速淤长的海岸不仅造就了江苏沿海广阔的滨海平原和三角洲平原，而且在岸外也积累了大量的泥沙，潮间带形成广阔的淤泥质潮滩和岸外沙洲，因此江苏沿海的潮间带坡度极缓，大部分岸段的坡度在0.02%~0.05%。

### 四、沿海中部岸外有辐射沙洲分布

江苏中部的弶港附近是东海前进潮波和南黄海旋转潮波辐聚之地，特殊的辐聚辐散潮流格局和历史时期大江大河巨量的泥沙供给，使江苏岸外发育有独特的辐射状沙脊群。沙脊区南部长达200km，东西宽约90km，海区水深约在理论深度基准面以下0m~25m。

岸外辐射沙洲是江苏海岸重要的组成部分，沙洲的分布直接影响着海岸的淤蚀动态。受到岸外辐射沙洲掩护的岸段也是江苏海岸中淤积速率最快的岸段，而侵蚀强度最大的岸段均分布在辐射沙洲南北两侧的开敞区域。然而由于黄河北归后得不到外来泥沙的供给，辐射沙洲区成为一个基本封闭的泥沙系统，辐射沙洲正在进行着空前的调整，其东北缘也正在遭受不同程度的侵蚀后退。而南侧由于长江口渐进的南移，调整幅度较小，槽脊分布较北部稳定。

### 五、复杂的水沙环境

（一）水动力特征
1. 潮汐、潮流特征

江苏沿海的潮汐，外海呈正规的半日潮型，近海及河口各港由于受大陆径流、局部地形等的影响，多呈不正规的半日潮型。辐射沙洲区除北部小部分区域属不正规半日潮外，其余地区属正规半日潮。潮流的运动形式为明显的往复流。

潮差是描述一个海域潮汐的大小的主要因素，江苏沿海的潮差分布如图2-2、2-3所示。从图中可看出：废黄河口、扁担港一带平均潮差最小，从滨海至大丰的中部海岸，潮差最大。

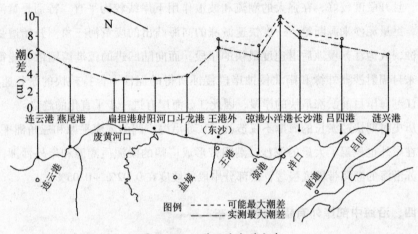

图2-2 江苏沿海潮差分布

江苏沿海平均潮差分布的总趋势是：以梁垛闸为界，南面海域平均潮差大，北面海域平均潮差小（如图2-3），如弶港为4.14m，吕四为3.82m，而北面射阳河口为2.59m，新洋港则只有2.05m。江苏潮差的最大区分布在小洋口一带海域，小洋口的平均潮差为4.19m，其主要原因是此海域位于南北两潮波的幅合带中。

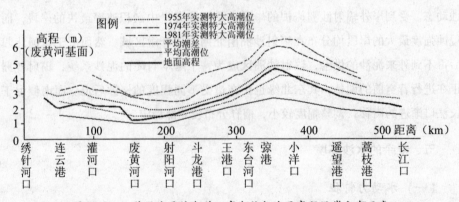

图2-3 江苏沿海平均潮差、高潮位与地面高程沿岸分布示意

2. 波浪特征

波浪是影响江苏海岸发育的又一个重要的动力因素。尤其在射阳河以北的海岸和茅家港以南的启东海岸更是如此，因为这些岸段的掩蔽条件较差，海域开敞，往往波浪的作用较强。而在这两个岸段之间的海岸则由于外海有一系列辐射沙洲的明沙（低潮时露出）和暗沙（低潮时也不露出）的掩护，波浪作用相对较弱。江苏海岸的年平均波高大致为 0.6~1.2m。

江苏海岸具有明显的季风气候的特点，夏季盛行偏南风，冬季盛行偏北风，沿海地区常风向为东北和东南，强风向为偏北风，最大风速达 16~29.3m/s，多年平均风速为 3~4m/s。波浪的季节变化也比较显著。冬季，江苏沿海一般以西北到东北向浪为主，频率最大达 20%；偏北向浪的总频率为 39%~47%；北东北或东北浪的最大波高一般在 2.9~4.1m。夏季，大多以南向浪为主，频率在 12% 以上，最高达 36%；偏南向浪总频率一般在 50% 以上；东东北浪的最大波高一般在 1.7~3.2m。春秋两季为季风转换季节，一般没有盛行浪向出现。

（二）泥沙环境

1. 含沙量

江苏近海水域的含沙量分布的总趋势是：射阳河口以南、弶港以北的水下沙洲区含沙量最高，其次是吕四、长江及废黄河口附近的海区，而连云港附近最低。含沙量的平面分布特征是：（1）近岸含沙量极高，向海逐渐降低；（2）水深较浅、水下地形复杂的水域，含沙量高，反之则低；（3）含沙量等值线大致与等深线平行，与海岸走向一直；（4）沙洲区含沙量与沉积物粒径呈正相关，即在沉积物粒径粗的部位含沙量高，细的部位含沙量低。

江苏近岸水体含沙量与风浪大小密切相关。风浪大含沙量高，风浪小含沙量低。如吕四近岸含沙量在平静天气下，一般为 0.1~0.3kg/L。但随风浪增大，含沙量增加很快。

2. 泥沙运动

江苏沿岸的泥沙运动主要受潮流的控制。对于侵蚀性海岸而言，波浪在不同程度上参与海岸发育过程，在沙质海岸和一些滩面较窄的粗化了的泥滩，波浪作用占主要地位。

苏北废黄河三角洲海岸侵蚀的大量泥沙在潮流和东北风浪的作用下向南运移，加上洪季现代长江口入海泥沙向北扩散的影响，在江苏中部海岸特殊的地形和潮流环境中形成了举世瞩目的辐射沙洲。辐射沙洲的组成物质主要是古长江和古黄河水三角洲遗留的沙体。现代辐射沙洲区的物质来源仅为废黄河口附近海岸和海底的侵蚀物及现代长江—小部分入海泥沙，其中的细粒物质沉积在岸滩上。江苏海岸泥沙运动状况如图2-4所示。在沙脊群北部，潮流的主流向为 NE-SW，沿岸流向则与海岸延伸方向一致；南部主流向为 NW-SE，由于南北两部分涨潮流速大于落潮流速，因此涨潮水流的掀沙及搬运能力也较大，携入沙洲区的泥沙量大于携出泥沙量，滩面整体淤积。就总体而言，弶港以北的近岸水道中，潮流携带废黄河三角洲前缘一带的海蚀物质及水下三角洲的再悬浮泥沙向南运移，故新洋港以南的岸滩在淤积，西洋也逐渐变浅，条子泥已与岸滩相并。

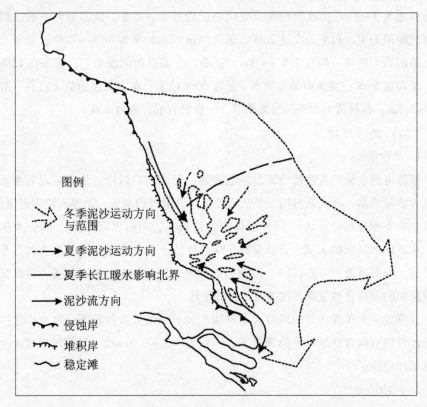

图例

冬季泥沙运动方向
与范围

----▶ 夏季泥沙运动方向

—— - 夏季长江暖水影响北界

—▶ 泥沙流方向

侵蚀岸

堆积岸

稳定滩

图2-4　江苏海岸泥沙运动示意

辐射沙洲区的南部沿岸不像北部那样有一延续不断的沿岸水道，而是有几条水道，没有近岸的连续不断的泥沙流。小庙洪水道主泓的单宽余流量及余流量也指向内，即以涨潮流作用为主。小庙洪水道的全年泥沙移动的总方向都是自东向西的，即由外向内。但冬季输沙量小于夏季的。由此可见，辐射沙洲区近岸水道或水道的近岸部分，输沙方向均是向内的。

## 六、海岸淤蚀特征

江苏海岸类型有淤泥质海岸、沙质海岸和基岩海岸，其中平直的淤泥质海岸是江苏海岸的主要类型，其长度占全省岸线长度的 90.5%。这类海岸若有充足的泥沙供应，可以保持岸滩的平衡状态。但是一旦失去大量泥沙补给，极易被波浪冲刷，泥沙在潮流和沿岸流的搬运下向外海或动力作用相对较弱的岸段输送，海岸很快就转变为侵蚀型。根据江苏海岸的冲淤特点，江苏粉沙淤泥质海岸可进一步分为三类：侵蚀性海岸、淤长性海岸和稳定性海岸（如图 2-5 所示）。

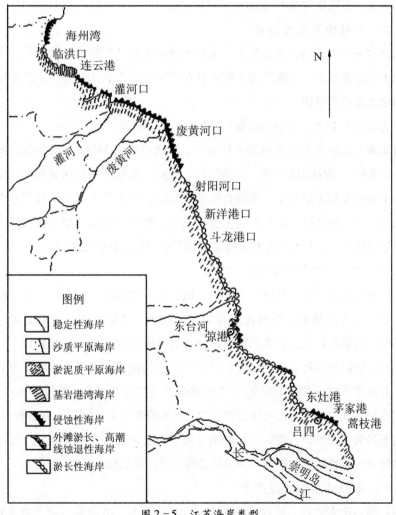

图 2-5　江苏海岸类型

（一）稳定的淤泥质海岸

此海岸可分为南北两段。北段在临洪口附近，岸线长40km。沿岸为海积平原，入海河流大多经人工改造，流经黄土区带来细粒沉积。基底为片麻岩风化壳。因此是基岩剥蚀面上覆盖了中－晚更新世河相亚黏土沙砾层。全新世海侵由海滩环境转为海湾浅海，近期又为潮流搬运来的河流入海泥沙所盖。该段海岸在800年来海岸淤长不足3km，岸线是缓慢淤长、比较稳定的。堤外潮间滩宽2.5～3km。南段由蒿枝港至启东嘴，岸线长45km，潮间带浅滩宽3.5～5.5km，坡度1.1～1.2‰，1960年以前岸线后退较快，以后逐渐缓和。该段海岸因有长江入海泥沙的补充，近期岸线基本稳定。

（二）侵蚀的淤泥质海岸

1855年黄河北归注入渤海和长江入海泥沙向北的逐渐减少，使供应江苏海岸淤涨的泥沙急剧减少，而海洋动力较强且在海岸演变中起主导作用，致使很长一段岸线由淤涨转为侵蚀。

1. 射阳河口以北、云台山以南侵蚀岸段

废黄河三角洲及其北翼海湾平原海岸，岸线平直长188km，潮间带海滩一般宽500～1000m，泥沙为粉沙质（粒度为4～6φ）。海滩沉积物明显粗化，从裸露在海滩上的密实黏土层看出，黄河自江苏入海时，带来了大量的细粒泥沙在江苏沿海沉积。而今潮间带表层沉积物主要为粉沙，潮区微地貌主要为沙波。海滩下蚀的速度各地不一，但总的趋势是随着潮间带变窄，侵蚀速度减缓。

2. 东灶港至蒿枝港侵蚀岸段

东灶港以南的长江三角洲北部海岸，演变历史与长江口的变迁有关。在5500年前，长江口为三角港，当时江北有扬州－泰州－青墩沙堤，江南有镇江－常州－苏州－马家浜沙堤，长江泥沙以沙洲和浅滩的形式堆积于三角港内。长江主泓最初在青墩以东入海，以后随着河口延伸，主泓南偏，结果形成雁行排列的沙洲群，并依次并向北岸，北岸跃进式向南推进。沙洲并岸后，留下马蹄形海湾。长江口南移，北部的河口海湾逐渐被充填，形成海积平原。同时，随着河口南移，海岸逐渐转为侵蚀型。目前海岸的后退已由于海堤的建造而被制止。但海滩的下蚀还在继续，其冲刷强度随当年的风浪条件而变，各地也不一致。

（三）堆积的粉沙淤泥海岸

射阳河口至东灶港，岸线长364.5km，走向北西，沿岸潮间带浅滩宽10～13

km。岸外有一片南北长200km、东西宽90km的辐射沙洲区。它是由一条条沙脊组成，沙脊之间隔以深15~20m的深槽。沙脊是灰色细沙，沙粒含量占80%。深槽为沙质粉沙，粉沙占50%~60%，沙占30%。沙脊形态以弶港为界南北有差异，南部沙脊较小，深槽水深较大；北部沙脊形体较大，深槽底部在淤浅。沙脊的冲淤变化大，总的趋势都在淤高增大，而深槽在变浅缩小，有的沙脊在合并。由于辐射沙脊的掩护，使本段海岸处于风浪较小的淤积环境中。本段海岸是江苏海岸淤积作用最强，潮间带浅滩最宽的地带。

# 第三节 吕四海岸的形成与演变

吕四海岸指东灶港—蒿枝港之间长28.6km的岸段，是典型的侵蚀性细沙粉沙质海岸。吕四海滩位于长江三角洲北缘，是历史时期长江入海泥沙堆积形成的，组成物质为淤泥粉沙混合的分散体，抗冲性差，其总的地貌特点是平坦而宽阔。潮间浅滩的平均宽度为5km，岸滩坡度千分之一，沉积物主要为细沙、粉沙，滩面上水沟纵横交错，且这些潮水沟愈向海愈大，最后汇入深泓。

## 一、吕四海岸的演变历史

吕四海域处于辐射状沙洲南翼，历史时期以来的演变受辐射沙洲形成发展过程控制。据考证，在公元1128年黄河夺淮之前，江苏沿岸为堡岛-泻湖海岸，由于没有大量的泥沙来源，海岸线长期变化不大，现在的吕四近岸在当时是浅海。早在全新世初期，长江曾在目前辐射沙洲中部附近入海。随长江口南移，在河口内外形成巨大的河口沙岛、水下沙洲和水下三角洲体系，受此影响吕四岸外逐渐有明沙出露，岸线向海推进。公元1494年，黄河全面夺淮，入海泥沙大增，受黄河泥沙供应的影响，吕四岸外沙洲进一步淤高，岸滩淤长。公元1855年黄河北归、尾闾由山东利津入海，此时的长江口已移至东南，大部分入海泥沙向南运动进入浙闽沿海，吕四海岸由于失去了大量的泥沙来源，海岸处于侵蚀环境。

吕四海岸虽经沧海桑田，但海岸雏形在唐末即基本形成。宋天圣五年（1027），太州西溪盐官范仲淹筑海堤自盐城县到余西场，公元1054~1056年海门知县沈起又西接范堤至吕四廖角嘴，该海堤即为黄河夺淮之前吕四岸线的标志。此堤走向与吕四现代海岸线走向基本一致，距海仅 2 ~ 3km。范堤在吕四地区距海如此之近，说明黄河夺淮以后吕四岸线向北淤涨是缓慢的。在长江入海口自北向南摆动过程中，吕四海岸主要表现为向东南方向伸展。启海平原即在此期间形成。

据调查，吕四目前的海堤建于 1961 ~ 1962 年，以后随防汛需要逐步加大到目前的规模。历史上在这道海堤外曾先后建过三道低堤（如表 2 - 1 所示）。但都是建成时间不长就倒塌了。说明近几十年来吕四岸线一直处于侵蚀过程。

表 2 - 1　历史上的三道低堤

| 低　堤 | 距现海堤距离 | 建成时间 | 倒塌时间 |
|---|---|---|---|
| 第一道 | 600m | 1930 年 | 1939 年 |
| 第二道 | 350m | 1940 年 | 1949 年 |
| 第三道 | 100m | 1950 年 | 1960 年 |

上述事实说明：历史时期以来，吕四岸线经历了由缓慢淤长到侵蚀的过程，这种侵蚀过程目前仍在继续。海岸冲淤趋势逆转的主要原因是供给吕四海岸的泥沙量发生了显著变化。

### 二、吕四海岸的动态

近百年来，由于长江入海泥沙北上数量的减少，吕四岸滩在风浪的冲击下表现为强烈的侵蚀过程。据估计，20 世纪 60 年代前，吕四海岸后退的平均速率为 10m/a；60 年代筑堤防护后，岸线的后退虽然被制止，但海滩的下蚀仍在继续，其最大速率为 10cm/a。现在，海堤内外滩地的最大高差达 3 米多。由于堤前水深增大，风浪对海堤的作用力增大，人们对原有的土堤均以块石加以保护。1981 年 14 号台风来袭，块石护坡被全部摧毁，国家投资近千万元全面修复，现在存在的加糙混凝土护坡形式的海堤就是台风之后修复的，这种形式的海堤能抵御较大的风浪的袭击。但海堤前缘海滩的进一步刷深是无法制止的，即滩面因被继续侵蚀而降低是无法制止的。

辐射沙洲沉积动力环境的调整使海岸冲刷，造成了吕四海滩的冲刷降低。大型滨岸潮汐水道向岸移动是吕四海岸侵蚀的根本原因。辐射沙洲自 1855 年以来开始了时空尺度都很大的调整。吕四海岸北临小庙洪水道，是辐射沙洲南翼的一个滨岸潮汐水道。近几十年来它一直向岸移动，破坏了岸坡的剖面平衡状态，引起向岸坡的下蚀及岸线的后退，使吕四海岸长期以来一直处于侵蚀状态（如图 2 - 6）。

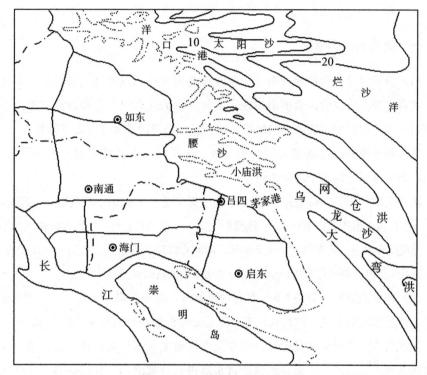

图 2 - 6 茅家港附近岸滩地貌

长江北支泥沙的减少致使吕四滩涂遭受侵蚀。1980 年海岸带及滩涂资源调查曾查明现代长江入海的泥沙最远影响到吕四。此处海水中泥沙的多少是和长江北支的分流分沙比有关。1915 年至今，长江北支入海径流的分流比从 25% 减少到 1% 以下，甚至有时出现倒流现象，无疑这将明显减少本来就不算丰富的北上的泥沙量，致使吕四海岸的泥沙来源减少。

吕四岸滩存在冬冲夏淤的季节变化。冬季是海滩侵蚀的主要季节，每年的 10 月以后，海滩便呈现冲刷状态，这一过程要持续到第二年的 2 月。海滩年内冲淤交替的变化与不同季节的来沙条件和冬季大风有关。尽管夏季风暴潮可能导致海滩短期的强烈冲刷，但夏季吕四海滩总体上处于淤积过程，台风造成强烈冲刷后，海滩又会有所回淤。

# 第四节　吕四海岸的水动力环境

## 一、近海的水文特征

吕四海域地处辐射沙脊群南缘，东海前进潮波传入浅水区后被反射，形成驻波，表现在潮流流速的最大值出现在中潮位。根据江苏海岸带和海涂资源综合考察队对吕四近岸深泓水文测量的结果，发现吕四海滩的潮流存在以下差异：

深泓和浅滩地区涨落潮流历时不一致。深泓内一般涨潮历时大于落潮历时；而浅滩地区落潮历时大于涨潮历时。

潮流流速不一致。深泓涨潮流速一般大于落潮流，浅滩地区落潮流速大于涨潮流速。深泓内最大流速超过100cm/s；浅滩最大流速小于100cm/s。小庙洪深槽在地貌上明显分成两股水道，北支宽浅，南支窄深，因而在潮流流速上也有差异：北支流速小，南支流速大。江苏海岸带和海涂资源综合考察队实测最大流速达327cm/s。

深泓内余流方向主要是NW，冬夏两季都有一股指向岸的余流，这与局部地形有关。浅滩水域的余流方向均指向E～SE。余流的流速范围在4～36cm/s。

深泓内水体主要呈往复运动，并有向中段南支水道汇集之势，这是造成这段水道内流速大的原因。一部分水体越过水道进入浅滩之后，转折向南，然后随着落潮流水流向东南。从整个平面形态看，吕四近岸存在一股较大的回流，这股回流能把浅滩冲刷的泥沙带入深泓，然后部分泥沙由沿深泓向西运动的水体带到深泓西端浅滩上淤积。

吕四近海年平均波高小，据吕四海洋站波浪观测资料统计，小庙泓内年平均波高为0.3m，岸滩波浪还要小。据1982年吕四近岸100m海上测量的资料分析，0.4m及以上的波高只占全年的12%，1m以上波浪只出现两次。但往往一次强大的台风浪或冬季暴风浪造成的海岸侵蚀和对海岸工程的破坏是很大的。如1981年的14号强台风过境时，吕四海洋站测得日平均波高为2m，最大波高为3.5m，近岸的最大波高为2.2m，浪向为NNE～WNW。这次台风浪使吕四距岸3200m以内的海滩被冲走泥沙678万m³，滩面平均刷深9cm。

深泓内泥沙向西输送，浅滩水域泥沙向东输送。从季节变化看，夏季泥沙自外海带到吕四近海，冬季泥沙自吕四近海带到外海，但从全年总的沙量平衡计算，每年大约有 773 万吨泥沙进入吕四近海，这部分泥沙主要淤积在吕四浅滩西部。

吕四近海海水含盐量随季节而改变。夏季海水含盐量低，平均为 26.7‰，冬季含盐量高，为 30‰，这说明夏季有较多的长江冲淡水影响到吕四。长江约有 10% 的淡水能输送到吕四。因为夏季是洪水季节，长江水量大，含沙量也多，因而进入吕四近海的水量、沙量也多，而冬季进入吕四近海的淡水只有夏季的 1/4~1/5。

吕四海域很少有陆源泥沙补给，水体中的泥沙主要来自沿岸附近浅滩掀沙，因而含沙量的大小主要取决于波浪、潮流等水动力条件对岸滩的侵蚀。当水动力条件较弱时（春夏季节），水体中含沙量小，悬沙中值粒径也相应较小；当水动力条件较强时（秋冬季节），水体中含沙量大，悬沙中值粒径也相应较大。吕四海岸的含沙量变化特点是大潮含沙量大于小潮含沙量。大、中、小各潮汛所测的平均含沙量为 0.26g/L。

## 二、波浪特征

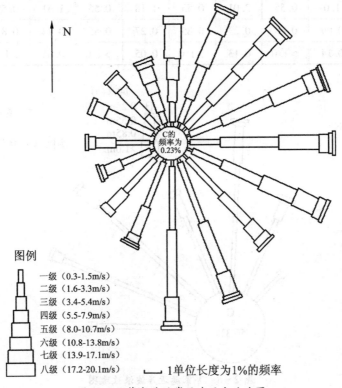

图 2-7 茅家港近岸风速风向玫瑰图

通过对吕四风速风向资料的统计，吕四近岸的常风向主要为东到南向，而强风向主要为东北到西北向（图2-7），但因吕四海岸线走向为西北西—东南东，岸线的北部为海域，自东南到西北方向吹的风主要是海向风，形成的风浪较大。该地区年平均风速为6.8m/s，最大风速为25m/s（1983年），风向为北北西。该地区冬季以偏北风为主，夏季则盛行偏南风。

吕四地区的近岸水域波浪总的来说比较小，据吕四海洋站的波浪资料统计，无浪天数约占全年的50%。表2-2为近岸不同波向的波高和频率统计表。图2-8为茅家港近岸风向、波浪玫瑰图。常浪向方位为NW-SE，季节变化明显，强浪向主要是NNW-NE，时间为每年的10月到第二年的3月。

表2-2　近岸不同波向的波高（h）和频率（p）统计表

| NNW | | N | | NNE | | NE | | ENE | |
|---|---|---|---|---|---|---|---|---|---|
| h（m） | P（%） | h（m） | P（%） | h（m） | P（%） | h（m） | P（%） | h（m） | P（%） |
| 0.25 | 4.67 | 0.25 | 7.32 | 0.25 | 4.9 | 0.25 | 8.26 | 0.25 | 8.33 |
| 0.55 | 1.0 | 0.55 | 2.01 | 0.55 | 1.18 | 0.55 | 1.41 | 0.55 | 0.68 |
| 0.85 | 0.09 | 0.85 | 0.23 | 0.85 | 0.27 | 0.85 | 0.14 | 0.85 | 1.18 |
| >1.0 | 0.14 | >1.0 | 0.13 | >1.0 | 0.05 | >1.0 | 0.05 | >1.0 | / |

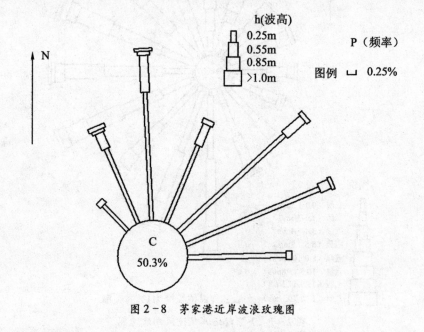

图2-8　茅家港近岸波浪玫瑰图

此外，每年夏季可能出现的风暴潮对吕四海滩会造成急剧变形和海岸工程严重破坏。如1981年9月，14号台风从吕四经过时，正值大潮，持续时间又长，近岸波高最大达2.2m，造成海滩最大侵蚀深度达90cm，块石护坡的海岸工程几乎全部被摧毁。因此，风暴潮也是改变海岸地貌的一个极其重要的因素。由于夏季吕四岸滩处于返淤过程，所以风暴潮过后，海滩又有所返淤。

### 三、潮汐特征

吕四近海海域地处江苏近海辐射沙脊群以南，受其掩护，近海潮汐主要受东海前进波控制，该地区的潮汐为正规半日潮型。根据吕四海洋站潮位资料统计，其特征值为：最高高潮位：+4.67m（其高程零点为废黄河口零点，下同）；平均高潮位：+2.0m；平均潮位：+0.15m；平均低潮位：-1.68m；最低低潮位：-3.93m；平均潮差：+3.68m；最大潮差：+6.87m。

由于受吕四岸段近岸地形的影响，近岸地区潮流较复杂。茅家港地区的涨潮历时大于落潮历时，潮流基本作沿岸运动，最大潮流流速达0.36m/s。若将潮流分解成平行于海岸的向东南水流和向西北水流两股水流，向东南水流平均流速为0.19m/s，向西北水流平均流速为0.08m/s，近岸向东南的落潮流流速远大于向西北的涨潮流流速。因此，沿岸泥沙主要是向东南输移。

## 第五节　吕四海岸泥沙特征

吕四海岸为侵蚀严重的细沙粉沙质海岸，堤外潮间带浅滩宽3km，坡度约1‰，堤外仅混合滩及细沙粉沙滩两个带（如图2-9所示）。

混合滩宽度不足1km，黄色粉沙夹黏土，滩面多冲刷体，纵长形，占滩面积的10%，黏土叠加在粉沙细沙层上，其本身为水平的粉沙-泥互层，1cm厚的有4~5层。滩面为水平层，向潮水沟边缘为斜层，厚12cm的卷曲层理插于淤积粉沙互层的水平层中。该层形成的条件与其下的沉积不同，为一个高水位、高浓度水流的沉积层。泥-粉沙薄层为一个大小潮的潮周期的沉积。在侵蚀岸段的混合滩内还广泛分布脉状层理，是粉沙、细沙与黏土的脉状互层，冲刷体多为细粉沙，中值粒径5.4Φ，该段海岸冲刷后退明显。1916~1963年的48年中，高滩平均后退了1000m，平均每年后退约20m。目前海堤内外最大高差在3m左右，即堤外海滩下蚀了3m。海滩没有明显的侵蚀陡坎，滩面主要为细沙粉沙质物质，滩面上潮水沟发育。

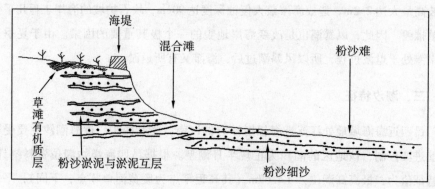

图2-9　吕四附近的侵蚀性海岸示意

## 一、泥沙来源

任何岸段的重矿物是反映该岸段沉积物来源的一个重要标志。为搞清吕四海滩的泥沙的主要来源，南京水利科学研究院河港研究所曾对吕四泥滩深泓不同地貌单元进行了取样分析，也对长江北支的底沙进行了取样分析。分析结果证明本地区的泥沙主要来自长江，吕四海滩的泥沙具有以下特点：

1. 重矿物含量占碎屑矿物总量的2.55%～9.76%，较一般现代沉积物含量高，如海州湾沉积区和古黄河三角洲沉积区重矿物平均含量为0.84%和1.3%。而长江沉积区有重矿物含量高的特点，吕四地区重矿物含量与长江沉积区的特点相一致。

2. 重矿物组合均属于角闪石、绿帘石、辉石类组合，角闪石为组合中最丰富的矿物，以绿色、浅棕绿色为主，含量占重矿物总量的34.15%～51.62%；绿帘石含量为19.73%～29.61%；辉石类为5.94%～11.38%。这三类矿物的总量与长江北支沉积物的含量一致。与长江北支检测到的22种矿物作比较，吕四深槽和浅滩上的重矿物有95%以上是相一致的，同时它们的矿物物理性质和光学特征也相似。这说明长江泥沙是本区沉积物的供应者。

3. 在本区的矿物中发现有红柱石、十字石和直角石，这些矿物在黄河三角洲沉积区中是没有的，而在长江沉积物中能见到，它们是长江泥沙的指示矿物，反映了吕四近海沉积物主要来自长江。

为了进一步证明本区的泥沙主要来自长江，有关学者对属于吕四岸段的茅家港滩面沉积物及悬沙样品进行了黏土矿物 X 光衍射分析，结果如下：

表 2-3　茅家港滩面沉积物及悬沙样品黏土矿物组成（％）

| | 蒙脱石 | 伊利石 | 绿泥石 | 高岭石 |
|---|---|---|---|---|
| MG83 | 6 | 69.0 | 13.6 | 11.4 |
| MG96 | 6.5 | 69.0 | 15.6 | 8.9 |
| W22 | 5.1 | 73.3 | 13.0 | 8.6 |
| W27 | 4.4 | 74.9 | 11.9 | 8.8 |
| W36 | 5.4 | 74.3 | 11.5 | 8.7 |
| W40 | 5.8 | 72.0 | 12.8 | 9.4 |

由上表可看出，蒙脱石含量较低，绿泥石、高岭石含量较高，与长江泥沙黏土矿物组成类似。尤其蒙脱石含量在 4.4% ~ 6.5% 之间，与长江悬沙中蒙脱石含量（5.1%）相一致，这进一步表明茅家港岸段所在的吕四地区物源主要是长江口的来沙。

## 二、泥沙特性

吕四海滩泥沙主要为细沙、粉沙质泥沙，分选好，中值粒径为 0.07 ~ 0.13mm，并且越靠近海岸沉积物越细。茅家港岸滩的中值粒径为 0.093mm。因此，吕四海岸是典型的细沙粉沙质海岸。

### （一）细沙粉沙质泥沙的沉降

细沙粉沙质海岸泥沙粒径范围内的沉降速度如表 2-4 所示。而淤泥质海岸泥沙的絮凝沉降速度均为 0.045 ~ 0.05cm/s，由此可知，细沙粉沙质海岸泥沙的沉降速度均大于淤泥质海岸泥沙的沉降速度。因此，吕四海岸泥沙的沉降速度相对于淤泥质泥沙沉降速度是较大的，易于沉降。

表 2-4　细沙粉沙质海岸泥沙的沉降速度（15℃）

| 泥沙粒径 d（mm） | 0.03 | 0.04 | 0.05 | 0.06 | 0.07 | 0.09 | 0.10 | 0.125 |
|---|---|---|---|---|---|---|---|---|
| 沉降速度 W（cm/s） | 0.0495 | 0.088 | 0.0137 | 0.198 | 0.269 | 0.352 | 0.445 | 0.86 |

### （二）泥沙的起动

根据泥沙起动曲线（图 2-10）可知，细沙粉沙质海岸泥沙（粒径为 0.1mm）

处在该曲线谷底部位，起动流速均比淤泥质海岸泥沙和沙质海岸泥沙的起动流速小。吕四茅家港岸段的泥沙中值粒径为0.093mm，是典型的细沙粉沙质海岸，该岸段泥沙的起动速度比淤泥质海岸泥沙和沙质海岸泥沙都小，因此吕四岸段泥沙易于起动（相对于淤泥质、沙质海岸而言），动态性强。

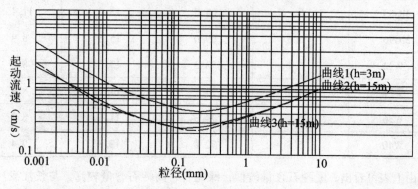

图2-10　泥沙起动流速曲线

（曲线1根据现场实测资料点绘制，曲线2、3根据水槽实验和公式计算结果绘制）

据刘家驹教授计算，茅家港岸段的泥沙表层移动、完全移动的起动波高如表2-5所示。

表2-5　起动波高（计算值和实测值）

| H（表层移动） | 0.22 | 0.19 | 0.29 | 0.33 | 0.32 | 0.29 |
|---|---|---|---|---|---|---|
| | 0.29 | 0.28 | 0.30 | 0.31 | 0.37 | |
| H（完全移动） | 0.30 | 0.33 | 0.52 | 0.59 | 0.56 | 0.51 |
| | 0.51 | 0.50 | 0.53 | 0.55 | 0.67 | |
| H（现场） | 0.33 | 0.49 | 0.62 | 0.59 | 0.76 | 0.79 |
| | 0.47 | 0.76 | 0.84 | 1.24 | 0.98 | |

表中H（现场）为现场实测波高，H（表层移动）、H（完全移动）为计算的起动波高。

从表中看出现场观测的波高均大于泥沙表层移动和完全移动的波高。吕四海滩泥沙在波浪作用下是极易掀动的。一般0.3m的波高，海底泥沙就能移动，这与现场观测结果较一致。吕四近岸海域的平均波高为0.3m，故在波浪作用下吕四海岸泥沙极易起动。

在没有波浪作用时，潮流是否能带动海滩泥沙运动？早在 20 世纪 60 年代，窦国仁就对河床起动问题进行过研究，泥沙起动可用下式判断：

$$u_c = 0.32\left(\ln 11\,\frac{h}{K_s}\right)\left(\frac{r_s - r}{r}gd + 0.19\,\frac{gh\delta + \varepsilon_K}{d}\right)^{1}/2 \qquad (2-1)$$

式中：$u_c$ 为泥沙起动流速；$K_s$ 取 0.5mm，$\delta = 0.213 \times 10^{-4}$cm；$d$ 为泥沙粒径（cm），$\varepsilon_K = \dfrac{\varepsilon}{P} = 2.56$cm$^3$/$S^2$，$\varepsilon$ 为黏着力参数。

用式 2-1 计算得出了茅家港（中值粒径 0.093mm）不同水深的起动流速（表 2-6），并绘出泥沙起动流速与水深的关系曲线（图 2-11）。

表 2-6　不同水深的起动流速

| 水深（m） | 起动流速（m/s） |
| --- | --- |
| 0.5 | 27.5 |
| 1.0 | 30.5 |
| 1.5 | 32.3 |
| 2.0 | 33.6 |
| 2.5 | 34.8 |

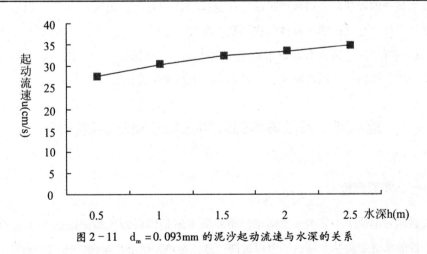

图 2-11　$d_m = 0.093$mm 的泥沙起动流速与水深的关系

茅家港近岸滩面潮流向东南落潮流平均流速为 19cm/s，向西北涨潮流流平均流速为 8cm/s，大潮时的最大流速可达 36cm/s。可见，在大多数情况下潮流流速小于泥沙的起动流速，显然潮流不易起动滩面泥沙。但在潮流流速最大的情况下，潮流也可以起动滩面泥沙，但这种情况出现机会相对不多，且持续时间短。

因吕四海域的潮差大，潮流从外海向岸传播时，一旦水深很小，潮流流速即可起动海底泥沙。这时的水体含沙量较大，但持续时间很短。一旦潮位升高，潮流流速减小后，挟沙力减小，对底部泥沙起动减弱，水体含沙量就会明显减小。

吕四海滩泥沙动态特征：一旦有风浪，就易于掀动海底泥沙。潮流输送风浪掀起的泥沙，泥沙运动主要以悬沙为主，泥沙运动的总特征是"波浪掀沙，潮流输沙"。

（三）泥沙运移形式

吕四海滩为细沙粉沙质海岸，细沙粉沙质泥沙运移形态不同于淤泥质海岸和沙质海岸的泥沙运移形态。细沙粉沙质海岸泥沙运移形态中既有悬移质，也有推移质。风平浪静时水体含沙量较低，水体清澈，一般没有泥沙的剧烈运动。当波浪增大时，由于水体紊动的增强，床面泥沙开始运动，并扩散到水体当中形成悬移质泥沙。波浪较大时泥沙运动十分剧烈，细沙粉沙质海岸的水动力增强，底部水体的含沙量增加，形成高浓度含沙水体。当水动力进一步增强时，底部高浓度含沙水体中的泥沙向上层水体扩散，在全部水体中悬浮，出现"沙云"现象。一旦水体平静，悬浮的细沙粉沙很快沉积于海底。

吕四海岸泥沙运移形态特点是泥沙活动性大，易扬易沉，运移形态中同时存在悬移质和推移质，回淤较大，大风浪作用下易发生强淤甚至骤淤。

# 第六节　吕四海岸的近期动态与潮滩地貌特征

## 一、海域形势

吕四海岸位于小庙洪水道南岸。小庙洪水道是辐射沙洲最南面的一条潮汐通道，目前水道走向基本与吕四海堤走向一致，呈 NNW－SE 走向，深槽 0m 线（理论基面）距海堤 3.5km～6.0km，水道长约 38km，口门宽 15km，水道中段宽 4.5km，尾部在如东浅滩消失。小庙洪水道尾部不与相邻的潮汐水道连通，北侧的大范围沙洲（腰沙）将水道与北部的网仓洪深槽隔离，涨落潮过程中越过腰沙滩脊自由交换的潮量很少,小庙洪水道是个相对独立的水、沙系统。小庙洪水道口门段有两条0m线以上的沙洲,将口门分成北水道、中水道、南水道(图2-12)。水道内有两条深10m以上的深槽,一条在水道中段,另一条在小庙洪南水道,其中南水道深槽在近口处又分为南、北两汊。小庙洪水道受东海前进波单一的潮波系统控制,且与相邻的潮汐通道水沙交换少,水道及岸滩动态主要受内部各支汊消长变化的影响。

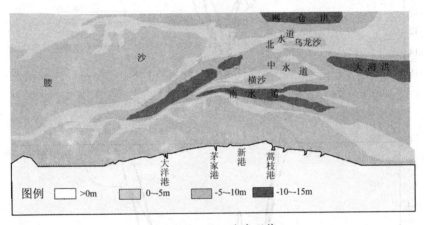

图2-12 吕四海域形势

## 二、水道与岸滩近期动态

有学者对收集到的1968年、1979年、1989年、1993年、1996年、2000年和2003年的地形资料进行了对比分析。从水道0m、-5m、-10m等深线的对比分析中可得到对水道平面形态变化的认识。

图2-13可以看出,1968~1993年的26年间,小庙洪水道平面形态和位置基本没有大的变化,但总体上有南移趋势。在水道北侧,20世纪60年代存在的伸向腰沙长7km的深槽到70年代后已消失,0m线向南推移约1km。但从1993年的资料看,这条线的变动已不是很大。在小庙洪的尾部,20世纪60年代时具有两汊,经过20多年的变化,北汊逐渐消失,南汊有发展之势。在小庙洪口门段,0m线以上的沙洲变化较大。1993~2003年间(图2-14)小庙洪南岸0m线及港汊的位置与形态变化不大,尤其口门段0m线的变化较小。

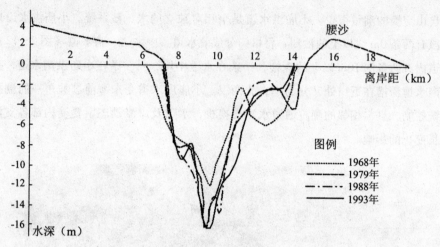

图 2-13　1968~1993 年茅家港断面水深变化

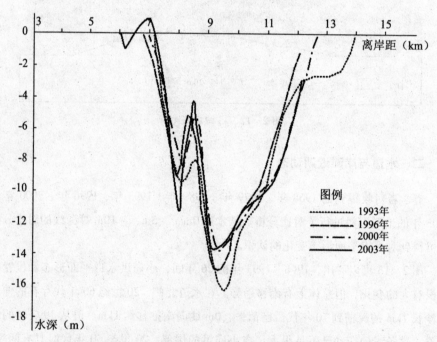

图 2-14　1993~2003 年茅家港断面水深变化

小庙洪水道近 40 年的平面形态变化显示，此水道一直存在着北淤南冲的演变趋势，口门段的北水道深槽不断萎缩直至消失，南水道充分发展；自 20 世纪 80 年代南水道头部分成南北两汊以来，南汊始终处于发展的过程。

### 三、断面变化

为认识小庙洪水道及近岸潮滩近期动态特征，作者选择了茅家港断面进行分析。茅家港断面位于茅家港闸东侧 1.5km，处在南、中水道分流口附近，断面的方向为南北向。从图 2－13 看出，20 世纪 60 年代此区域的中水道还是一条较宽深的水道，最大水深近 6m，后来逐渐淤积，1989 年以后，此水道已不复存在。同时南水道冲刷加深，1968～1979 年间刷深速度最快，平均每年刷深 0.5m。1979～1993 年间，冲刷速率渐缓，但有展宽趋势，断面形态已没有大的变化。从 1993～2003 年的变化来看（图 2－14）水道的断面形态基本稳定，但水深有减小趋势，反映该断面附近的深槽经过 1968～1979 年强烈冲刷和 1979～1993 年冲刷减缓两个阶段后，已处于略有淤积的发展过程。

在小庙洪整体稳定的情况下，不同部位的断面变化进一步反映了水道内部北淤南冲、深槽南移的动态变化。其中小庙洪中段大洋港岸段深槽宽长，目前有进一步贴岸的发展趋势。口门蒿枝港岸段濒临的南水道南汊深槽一直处于冲刷发展过程，深槽向外海延伸，水深加大，南侧水下岸坡基本保持稳定。

### 四、高潮滩剖面形态及粒度特征

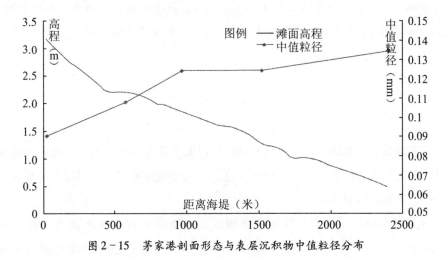

图 2－15　茅家港剖面形态与表层沉积物中值粒径分布

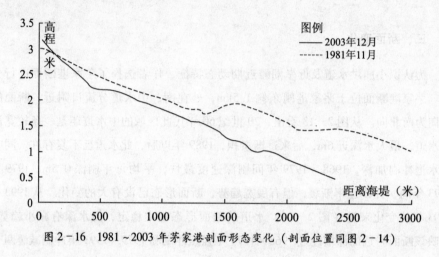

图 2-16  1981～2003 年茅家港剖面形态变化（剖面位置同图 2-14）

2003 年 12 月在茅家港附近的潮滩断面观测显示，在距岸 2.5km 范围内，潮滩平均坡度约为 1‰，且沿剖面无明显的坡度变化，潮滩上几乎不发育潮沟，滩面硬实，沙波发育。表层沉积物中值粒径在 0.09～0.134mm 之间，由岸向海有逐渐变粗的趋势。从 1981 到 2003 年茅家港剖面形态变化看，海岸整体依然处于侵蚀状态，侵蚀强度由海向岸逐渐减弱，其中靠近海堤的高潮滩还出现微弱淤长，而距海堤 2.5km 处的下蚀速率可高达 5cm/a，吴淞基面 1m 等高线蚀退速率达 60m/a。由于下部侵蚀剧烈而上部侵蚀微弱甚至淤积，剖面坡度不断陡化，在 2500m 范围内由 1981 年的 0.7‰ 变为 2003 年的 1.0‰，滩面起伏亦更加微弱。

# 小　结

江苏海岸的基本特点：海岸类型以粉沙淤泥质海岸为主；人工岸线占海岸线总长度的比例较大；海岸低平，岸线平直，潮间带坡度平缓；中部岸外有辐射沙洲分布，水沙环境复杂。

吕四海岸的动态特征：吕四海滩的演化趋势与辐射沙洲沉积动力环境调整及长江口南移、入海泥沙北上减少有关；岸滩冲淤动态有冬冲夏淤的季节性特征。

吕四海岸的水动力环境：深泓和浅滩地区涨落潮流历时和潮流流速均存在较大差异；近海年平均波高小，年平均波高约为 0.3m；近岸潮滩波浪更小，无浪天数约占全年的50%；近岸向东南的落潮流流速远大于向西北的涨潮流流速，沿岸泥沙主要是向东南输移。

　　潮滩剖面与泥沙特征：吕四海岸近岸潮滩平缓，平均坡度约为1‰，滩面起伏不明显；物质组成主要为活动性较强的粉沙和细沙，中值粒径有向海变粗的趋势；"波浪掀沙，潮流输沙"为吕四海岸泥沙运动的主要形式。

# 第三章 茅家港双突堤工程
## 建造后的岸滩地貌变化

天然海岸由于经过长期的演变，大部分都接近于平衡状态。如果在岸滩上建造建筑物，将会因建筑物的存在造成泥沙运动的不平衡，引起岸滩地貌发生变化。修建建筑物引起的海岸变形常常是大范围的，且变形延续时间很长，这就是工程影响下的岸滩地貌演变。海岸建筑物随其使用目的不同而建造在不同水深的近岸区域内，突堤位于水深相对较浅处，而离岸堤则位于水深较大的海域。由于建筑物的出现，海滩剖面和岸滩水动力条件的平衡在局部或在较大区域内遭到破坏，从而使建筑物附近滩面就会发生局部冲淤改变，引起新的岸滩地貌变化。

本章研究茅家港双突堤环抱式航道防护工程建造前后，茅家港附近岸滩地貌的变化。茅家港岸段位于长江口北翼的吕四海岸中部（32.03°N，121.72°E）（如图3-1），细沙（2~4φ）粉沙（4~8φ）的含量在70%以上，属于侵蚀性细沙粉沙质海岸。茅家港突堤航道防护工程建成后，由于滩面不同位置的水动力的改变，造成滩面沉积物的粒度和磁化率都有很大变化，滩面不同位置发生了明显的冲淤改变。

## 第一节 茅家港航道防护工程概况

茅家港是位于江苏省吕四岸段的一个乡级渔港。茅家港岸段为坡度不到1‰的细沙粉沙质海岸，由于波浪破碎发生在距海岸很远的范围内，又因为细沙粉沙质泥沙具有易起易落的运动特点，波浪掀起滩面泥沙，使水体含沙量大，水动力一旦减弱，泥沙又易落淤，使航道极易发生淤积，大风浪天气条件下容易发生骤淤。由于茅家港渔港航道受风浪影响较大，一有风浪航道回淤严重，特别是一次强风浪就能将航道基本淤平，这严重影响当地的渔业生产，每年造成较大的经济损失。当地政府为了维护渔港航道在强风期间不被淤积，保持航道畅通，请南京水利科学研究院河港研究所的喻国华教授等进行了茅家港入海航道减淤工程方案的物理模型试验研究及工程设计，并于 1991 年 11 月至 1992 年 6 月建成了环抱式双突堤航道防护工程。

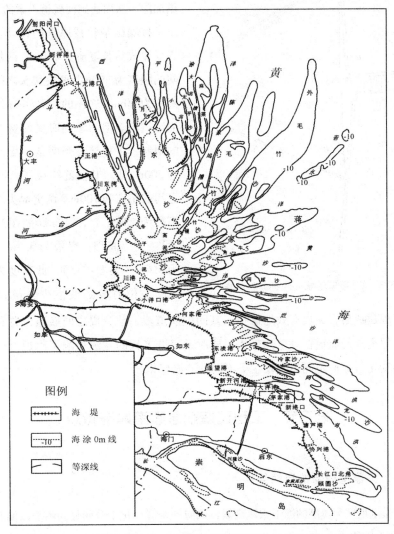

图 3-1　茅家港位置示意

为了不使细沙粉沙质航道发生淤积，应尽量避免泥沙垂直穿过航道，所以在进行航道防护时应尽量避免形成垂直于航道的涨落潮流。喻国华教授设计的茅家港航道防护工程，其目的就是使涨落潮流进出突堤口门时，其运动方向基本平行于航道，潮流所携带的细沙粉沙质泥沙只做平行于航道的方向运动，而不横向越过航道，沉

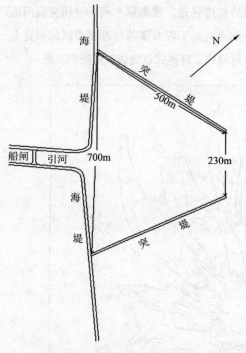

图3-2 茅家港航道防护工程示意

降时只会落淤在滩面上，而不会落淤到航道之中。落潮时，滩面归槽水使航道中的流速加快，冲刷航道，使航道加深，从而达到使航道不淤的目的。

按喻国华教授原来的设计，东西突堤建成后长度应为650m，两坝根之间的距离为700m，两突堤头之间的距离应为60m，这样的设计可有效保护渔港航道。但由于当时受经费等条件的限制，工程建设到两条突堤的长度为500m时，工程就结束了，两坝根之间的距离为700m，两突堤头之间的距离为230m（工程布局如图3-2所示）。突堤高程：堤根为5.8m，堤头为5.6m（吴淞零点），此高度为允许较高潮位时较强波浪少量越过的高度。工程建成后，突堤有效地保护了其间的航道段，使突堤之间航道位置和深度稳定，但堤外的航道摆动依然较大。同时茅家港工程的建成影响了附近滩面地貌格局的变化，滩面不同位置发生了不同的冲淤变化。

## 第二节　工程建造前茅家港岸滩特点

### 一、茅家港岸滩的自然条件

茅家港地区为典型的温带季风气候，风向的季节变化十分明显，冬季以偏北风为主，夏季则盛行偏南风。茅家港地区所属的吕四一带是细沙粉沙质海岸，泥沙的中值粒径为0.093mm，泥沙易起易落的特点，再加上岸线向海突出，与东北强风几乎成正交，海岸受侵蚀较强，属于典型的侵蚀性细沙粉沙质海岸。茅家港岸段自海堤加固之后，高滩的侵蚀后退被制止，但堤外的低滩侵蚀还在继续（该段海滩上部已基本稳定平衡，而下部处于冲刷环境）。该地区侵蚀还在继续，但茅家港岸段的潮滩比较宽阔

（6km），坡度较小（0.83‰）（如图3-3所示）。由于滩面被侵蚀，滩面组成物质粗化（3~5Φ），且较均一，滩面物质为细沙粉沙质泥沙，并有向沙质海岸转变的趋势。

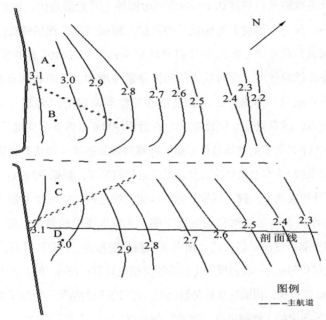

图3-3　茅家港滩面地形（1989年7月）（工程建造前的滩面地形）

　　根据茅家港工程建造前的地形图，计算得茅家港滩面平均坡度为0.83‰。工程建造前，茅家港附近滩面坡度平缓，地形起伏很小，为侵蚀性细沙粉沙质海岸，航道是靠人工开挖来维持的人工航道。滩面为粉沙到细沙质泥沙海滩，滩面的动态性强，遇有较大风浪时滩面侵蚀严重，航道淤积严重。平均高潮位时，滩面的平均水深为1.5m，航道的平均水深为2.7m。工程建造前，茅家港滩面的高程变化如图3-4所示。

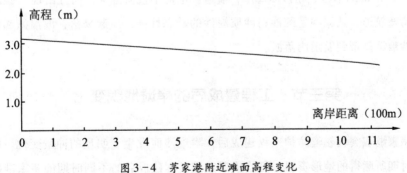

图3-4　茅家港附近滩面高程变化
（据工程前地形图绘制而成，该断面位于东堤根附近，如图3-3所示）

### 二、航道回淤特点

茅家港渔港航道是在坡度达 1‰ 的潮间带潮滩上开挖形成的，渔港上游建闸后径流量的减小，在一定程度上影响航道的维护。根据当时的现场调查，通常每年 3 月份开挖的航道，在 4、5、6 三个月内回淤较少；但是在台风或冬季强劲的西北风作用下，海面风浪较大，此时航道的回淤量迅速增加，甚至在遇有较大风浪时，一次风浪即可将航道基本淤平，这就是细沙粉沙质海岸的"骤淤"特点。此外，航道回淤的分布，越靠近岸，强度越大，在近岸 400m 以内淤积强度最大。

在风浪作用下，茅家港浅滩是推移质、跃移质和悬移质三种状态运移的。但是茅家港航道产生回淤却基本上只是航道附近泥沙运移的结果，根据有两点：（1）浅滩上和航道中的泥沙组成基本一致，颗粒较粗，这表明航道回淤的泥沙主要是航道附近浅滩泥沙在风浪作用下掀起并运移到航道中的，并非水体中的悬沙沉降到航道之中；（2）根据刘家驹航道悬沙淤积公式（南京水利科学院报告，1997）计算，该航道的悬沙年平均回淤仅 0.34m，一次台风产生的悬沙淤积也只有 0.03m。但一次大风浪航道回淤 0.70~0.80m 的事实，说明这显然是航道附近泥沙淤积的结果，也即反映出工程建造前，细沙粉沙质海岸的入海航道有"骤淤"的特点。

茅家港海域高潮位时平均水深（$d_1$）和渔港航道平均水深（$d_2$）分别为 1.5m 和 2.7m，$D_K = 0.093mm$（中值粒径），暴风浪作用 2.8 天的时间内实际骤淤 0.7m。刘家驹用修正后的回淤公式（据南京水利科学院报告，1997）计算得：暴风浪作用 2.8 天可骤淤 0.77m。刘家驹计算的结果和实际淤积情况都证明细沙粉沙质海岸的茅家港渔港航道确实存在着"骤淤"问题。对于细沙粉沙质海岸，特别对 $0.05 < D_K < 0.2mm$ 的细沙、粉沙质海岸，航道和港池不仅淤强大，而且出现"骤淤"，甚至堵塞航道，其原因是细沙粉沙质泥沙的动态性强，易起易落，波浪掀起的滩面泥沙被潮流带到航道内落淤。

## 第三节　工程建成后的岸滩地貌变化

茅家港双突堤航道防护工程建成后，附近滩面发生了明显的冲淤变化。根据不同时期所测得的地形资料，可绘成茅家港工程建成后的不同时期的茅家港附近滩面的地形图，如图 3-5 至图 3-10 所示。

1992 年 12 月的地形图与工程建造前的地形图进行比较，会明显地看出：工程建造后的半年时间内，茅家港附近滩面发生了明显的冲淤变化：突堤之间的滩面出现了明显的淤积，淤积厚度较大，且航道西侧的滩面明显高于东侧的滩面，航道西侧的滩面淤积量大；西突堤外侧的滩面明显被侵蚀，东突堤外侧的滩面则有所淤积，东堤两侧都有沿堤的冲沟。口门处由于落潮流的纳潮冲淤，航道加深；由于沿堤流的冲刷形成了堤头深潭。落潮流所携带的泥沙在口门外、流速较小的地方落淤，形成了高度较大的拦门沙，致使口门外的航道弯曲绕向西侧。

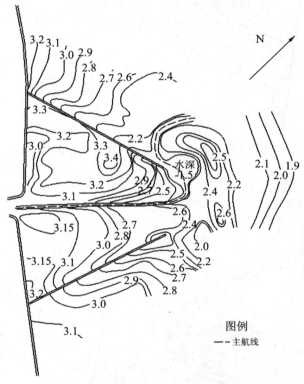

图 3-5 茅家港滩面地形（1992 年 12 月）

1993 年 6 月的地形图与 1992 年 12 月的地形图比较，可以看出：因为这半年主要是春夏季节，滩面水动力较弱，茅家港附近滩面普遍淤积，突堤之间的滩面淤积明显，西突堤外侧的滩面仍被侵蚀，东突堤外侧的滩面则有所淤积。口门外的拦门沙处，滩面淤高明显，淤高增幅较大。

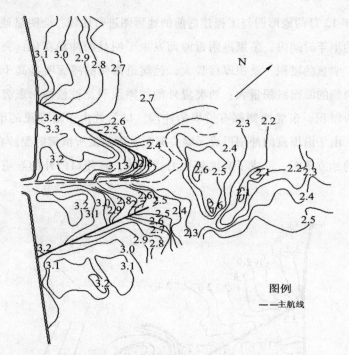

图 3-6　茅家港滩面地形（1993 年 6 月）

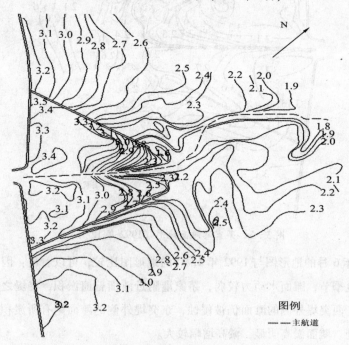

图 3-7　茅家港滩面地形（1993 年 9 月）

　　经过三个月的夏季，因为水动力较弱，使 1993 年 9 月的地形中，突堤之间靠近突堤角处，滩面的淤积明显，东突堤外侧突堤角处滩面的淤积明显。而西堤外侧和口门附近的滩面被侵蚀，口门外航道位置有所变化，但变化的幅度不大。

　　秋冬季节，茅家港大部分的滩面以侵蚀为主。因为冬季以波浪作用为主的滩面水动力较强，潮流带走大量波浪掀起的泥沙，致使坝西和口门外的滩面侵蚀更明显，堤内滩面明显高于突堤之外的滩面，使 1994 年 5 月的地形图较 1993 年 9 月的又有了很大变化。

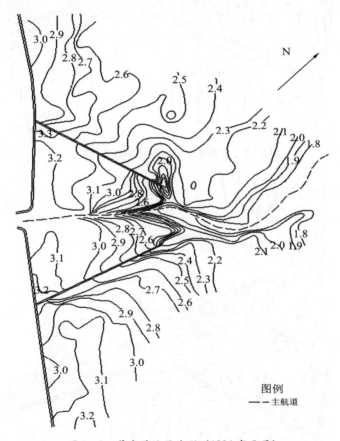

图 3-8　茅家港滩面地形（1994 年 5 月）

　　经过九年，到 2003 年 12 月，新测得的地形图中可以看出，滩面有所淤蚀，但滩面的整体变化不大，淤蚀幅度很小，说明茅家港滩面在建坝后的 2 年内，滩面淤积就接近平衡状态，以后仅有季节性的冲淤变化，即春夏季节淤积、秋冬季节侵蚀。

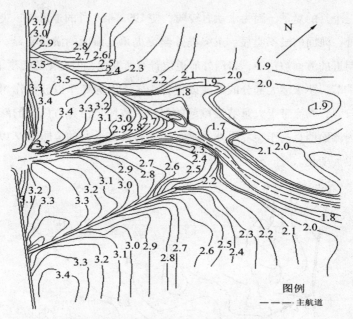

图 3-9  茅家港滩面地形（2003 年 12 月）

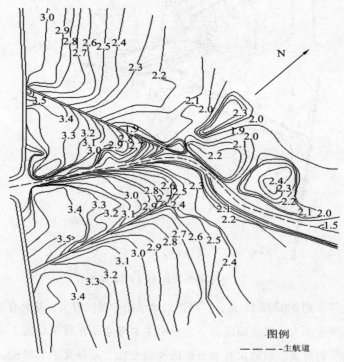

图 3-10  茅家港滩面地形（2004 年 7 月）

2004年7月的地形图与前一时期的地形图相比较，滩面的淤积变化很小。这是由于滩面冲淤变化早已达到平衡状态的缘故。滩面仅有少量的季节性的冲淤变化。因为夏季滩面水动力较弱，因此滩面整体略有淤积。

## 一、茅家港滩面不同位置的冲淤变化

为说明茅家港的滩面形态变化，更清楚地看出滩面地形的变化，笔者在茅家港滩面选择了九条断面，采用断面的形式分析茅家港附近滩面地形的变化，断面位置的布置如图3-11所示。可以根据各期地形图绘出滩面地形在各断面的变化趋势图。

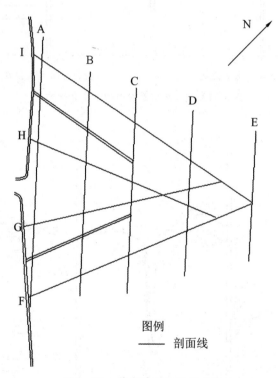

图例
—— 剖面线

图3-11　茅家港剖面位置示意

从A剖面图来看，突堤西侧堤角附近的滩面被冲刷，滩面不断降低，而突堤之间的滩面不断被淤积，滩面淤高明显，突堤之间的滩面西侧高于东侧，航道的位置和深度稳定。东堤外侧的滩面总体上以淤积为主，个别时段水动力较强时，滩面也有所冲刷。

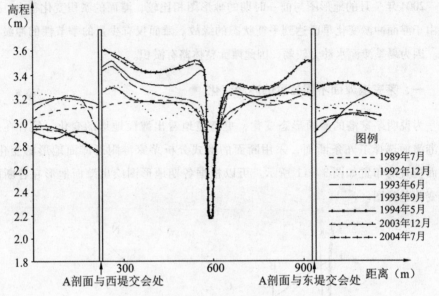

图 3 - 12 - 1　A 剖面滩面冲淤变化示意

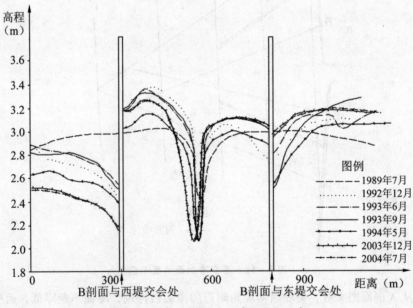

图 3 - 12 - 2　B 剖面滩面冲淤变化示意

　　从 B 剖面图看，突堤之间滩面淤积明显，突堤东侧滩面淤积，突堤西侧滩面
以侵蚀为主。在整个滩面的变化过程中，表现出秋冬季节滩面侵蚀、春夏季节滩
面淤积的特点。

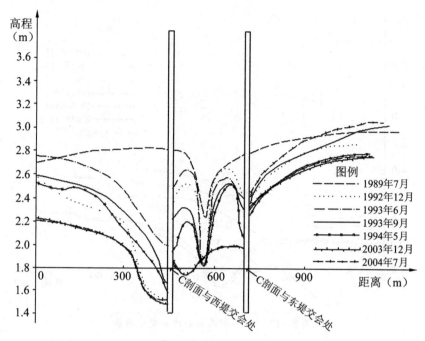

图 3-12-3 C 剖面滩面冲淤变化示意

从 C 剖面可以看出,口门处的滩面冲刷明显,滩面明显降低,西堤头侵蚀明显,已形成堤头的深潭。口门东侧的滩面因侵蚀而不断降低。航道位置稳定,且深度增加。

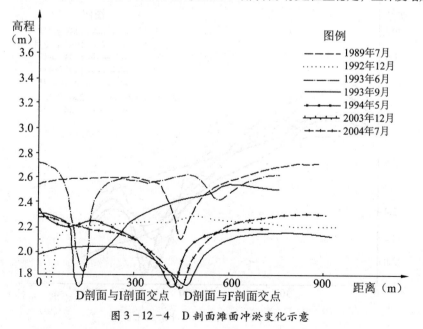

图 3-12-4 D 剖面滩面冲淤变化示意

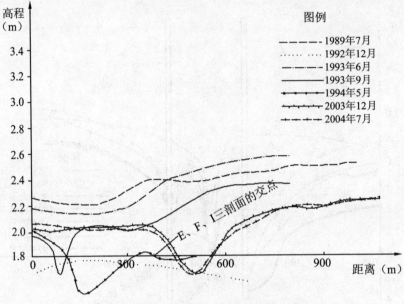

图 3-12-5  E 剖面滩面冲淤变化示意

　　D、E 剖面为口门以外的滩面，七个时期的地形对比来看，口门以外的滩面以冲刷为主，航道的位置摆动幅度较大。滩面高程和航道位置都不稳定。

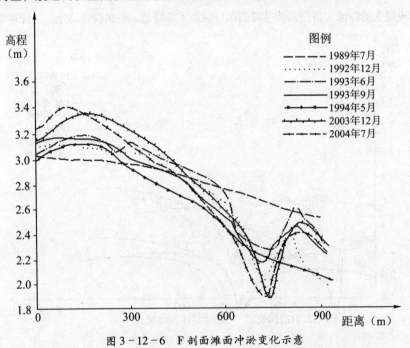

图 3-12-6  F 剖面滩面冲淤变化示意

　　从 F 剖面的变化来看，突堤东侧靠近堤角的滩面淤积明显，滩面高程增加；堤头附近及堤头以外的滩面因侵蚀而降低。

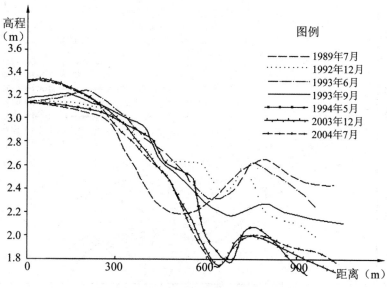

图 3-12-7　G 剖面滩面冲淤变化示意

　　从 G 剖面的变化来看，突堤之间航道东侧的滩面淤积明显；口门及口门以外的滩面冲刷明显，滩面降低。

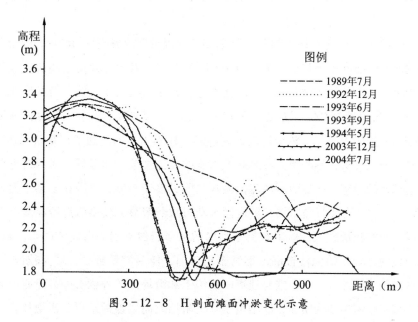

图 3-12-8　H 剖面滩面冲淤变化示意

从 H 剖面的变化来看，突堤之间航道西侧的滩面淤积明显，口门以外的滩面侵蚀明显。

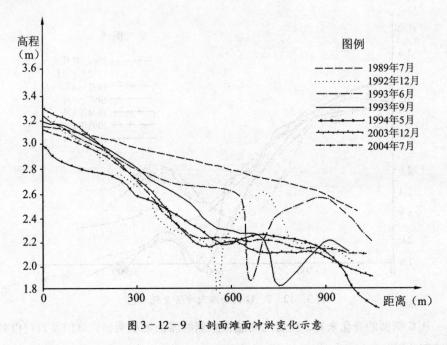

图 3-12-9 I 剖面滩面冲淤变化示意

从 I 剖面的变化来看，突堤西侧滩面侵蚀明显，口门以外滩面侵蚀幅度更大。

综合图 3-12-1 和图 3-12-2 可看出，建堤后堤内有明显的淤积，致使突堤之间的滩面明显高于突堤的外侧。到 1992 年 12 月，航道与西堤之间淤积厚度为 20~40cm，淤积量达 16000m³ 左右，航道与东突堤之间淤积较弱，淤积厚度仅为 5~10cm，淤积量为 4000m³ 左右。在 1993 年的春、夏两季，除航道以西的海堤附近有较明显的淤积以外，整个堤内滩面冲淤变化不大，即达到了平衡状态。1994 年 5 月，即经过秋、冬两季，滩面有了明显的蚀低现象。建堤后，堤内航道位置和深度都比较稳定，航道西侧的滩面淤积量明显多于东侧，原因在于冬季盛行的 N~NNE 向的风浪被西堤阻挡，堤内侧水动力减弱明显，较多的泥沙在滩面上落淤，滩面的淤积量较大；航道东侧东坝内的滩面仍然受到绕射波浪的影响较大，水动力较强，较多的泥沙被潮流继续带出口门，使落淤量较少，滩面较低。东、西堤的两侧均有冲沟发育，这与建堤时的施工和沿堤流的冲刷有关，但西堤内侧冲沟不如其他部位冲沟明显，这是由于突堤阻挡北向风浪的结果。西坝外侧的滩面侵蚀。东堤外侧的滩面有些淤积，淤积厚度达 15cm 之多。到 1993 年 9 月滩面冲淤就接近平衡状态。2003 年 12 月和 2004 年 7 月的两次测量结果表明：堤内外滩面在 1994 年 5 月以后仍然有冲淤变化，不过变化幅度很小，且只是季节性的冲淤变化，滩面总体变化不大。这说明滩面冲淤早已达到平衡。

由图 3-12-3 可看出，口门处及堤头两侧的滩面有明显的被蚀低的现象。口门处蚀低 20~80cm，并且侵蚀作用有继续的趋势。落潮时，由于突堤口门的束流作用，突堤内海水的纳潮冲淤，使口门处的落潮流流速增大（大潮时最大流速可达 62cm/s），口门处的滩面被冲刷，致使航道的位置和深度保持稳定。在堤头两侧，从建堤后到 1992 年 12 月有明显的侵蚀作用，以后有所淤积；从 1993 年 6 月到 1994 年 5 月又被侵蚀。西堤头外侧较东堤头外侧侵蚀明显，出现了明显的深潭，这是由于落潮流和北向风浪受西堤的阻挡后，使此处的水动力增强，滩面被冲刷形成此处的深潭。2003 年 12 月和 2004 年 7 月的两次测量结果表明：西堤外侧滩面大范围内仍有侵蚀，堤角附近的滩面略有淤积，东堤头外侧滩面略有淤积，口门处滩面淤积变化不大。

由图 3-12-4 和图 3-12-5 可看出，堤头外侧 300m 内建堤后有强烈的侵蚀作用，蚀低厚度达 40~80cm，以后有所淤积（40cm 左右），从 1993 年 6 月到 1994 年 5 月又有持续侵蚀作用。2003 年 12 月和 2004 年 7 月两次测量结果表明：突堤外航道位置的摆动明显，堤头外滩面整体一直处于侵蚀状态，但总体冲刷速度并不大。由于拦门沙的移动，滩面的个别位置冲淤变化较大。堤头外 300m 范围内滩面冲蚀表现出明显的季节性变化，即春夏季节滩面淤积，秋冬季节滩面侵蚀。

由图 3-12-6 可看出，东堤外侧滩面建堤后淤积明显，到 1993 年 6 月淤积厚度为 20cm 左右，至其东 300m 范围内的滩面上，淤积量达 15000m³ 左右，以后略有波动，冲淤变化不大。到 1993 年 9 月滩面比建堤前平均增高 20cm 左右。从 1993 年 9 月到 1994 年 5 月，即经过秋、冬两季，滩面有 10cm 的冲蚀。2003 年 12 月和 2004 年 7 月两次测量结果表明：东堤外侧的滩面有所淤积，堤头外侧的滩面略有侵蚀，但侵蚀的速度较小。

由图 3-12-8 可看出，西堤内侧滩面淤积明显，且淤积速率较大；东堤内侧的滩面尽管一直处于淤积状态，但淤积的速率较小。总体上突堤之间航道西侧的滩面高于航道东侧的滩面。口门以外的滩面侵蚀明显，滩面高程远低于口门以内的滩面高程。

由图3-12-9可看出，西堤外侧滩面建堤后侵蚀明显，到1992年12月，蚀低厚度为40cm左右，至其西300m范围的滩面上，侵蚀量达60000m³，以后有所淤积，淤积厚度为5~10cm左右，1993年9月~1994年5月，滩面又有10~15cm的冲蚀。2003年12月和2004年7月的两次测量结果表明：西堤外侧滩面冲淤变化很小，仍表现出春夏季节淤积、秋冬季节侵蚀的特点。

现选择有代表性的滩面位置的高程变化说明滩面的冲淤变化，A、B、C、D四个点（图3-3所示）为距主海堤和突堤120m的点，各点在各期地形图上的高度如表3-1所示。

表3-1　四个点的滩面高程变化

| 时间\点 | 1989年7月 | 1992年12月 | 1993年6月 | 1993年9月 | 1994年5月 | 2003年12月 | 2004年7月 |
|---|---|---|---|---|---|---|---|
| A | 3.04 | 3.02 | 2.99 | 3.02 | 2.79 | 2.85 | 2.86 |
| B | 3.06 | 3.18 | 3.33 | 3.35 | 3.25 | 3.39 | 3.32 |
| C | 3.07 | 3.14 | 3.18 | 3.25 | 3.08 | 3.35 | 3.45 |
| D | 3.01 | 3.08 | 3.15 | 3.17 | 3.10 | 3.41 | 3.43 |

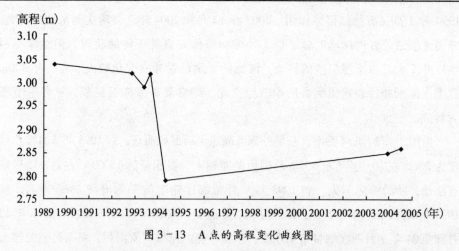

图3-13　A点的高程变化曲线图

从图3-13中可明显看出，A点自工程建成之后，处于冲刷状态，高程总体逐渐降低，但1993年9月滩面有所淤积，这是因为夏季滩面水动力较弱。1994年5月的测量结果显示该点在冬季冲蚀幅度较大，因为冬季的以波浪为主的水动力较强。2003年12月和2004年7月两次测量结果显示滩面尽管有所淤积，但与工程建造前的滩面相比，滩面仍然是被侵蚀的。短期内由于滩面水动力的季节变化，导致滩面的冲淤变化。

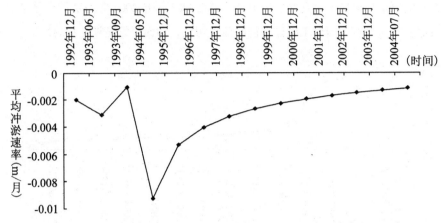

图 3-14　A 点从 1992 年 12 月～2004 年 7 月的平均冲淤速率变化曲线

从图 3-14 中明显看出，A 点以侵蚀为主。各年的平均冲淤速率中，1992 年 12 月～1993 年 9 月平均侵蚀速率较小（因夏季滩面返淤）；1993 年 9 月～1994 年 5 月平均侵蚀速率急剧增大（因冬季滩面水动力强，滩面侵蚀），滩面调整，冲淤变化较大。1994 年 5 月以后，滩面的平均侵蚀速率逐渐减小，滩面的侵蚀已达到平衡状态。

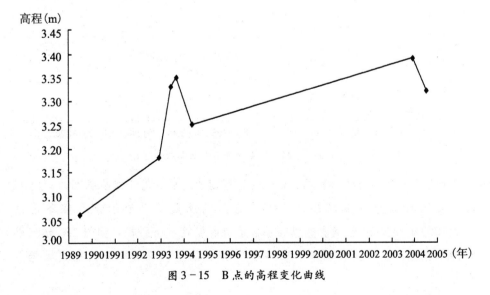

图 3-15　B 点的高程变化曲线

从图3-15中可明显看出，突堤之间的B点自工程建成之后，处于淤积状态。1993年9月滩面淤积达到平衡状态，以后的滩面变化在此基础上上下波动。1994年5月的测量结果显示该点在冬季侵蚀明显。2003年和2004年两次测量结果显示滩面尽管有所淤积，但与工程建造前的滩面相比，滩面仍然是被淤积的。

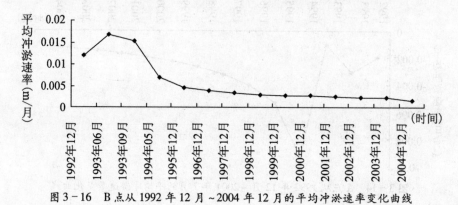

图3-16　B点从1992年12月~2004年12月的平均冲淤速率变化曲线

从图3-16中明显看出，B点以淤积为主。各年的平均冲淤速率中，1992年12月~1993年9月平均淤积速率较大（因夏季滩面返淤），1994年5月以后，滩面的平均淤积速率逐渐减小。

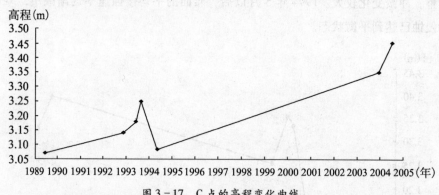

图3-17　C点的高程变化曲线

从图3-17中可明显看出，C点自工程建成之后，处于淤积状态，到1993年9月滩面接近平衡状态。1994年5月的测量结果显示该点在冬季侵蚀，2003年和2004年两次测量结果显示滩面尽管有所淤积，但与工程建造前的滩面相比，滩面淤积明显。2004年7月的测量结果表明滩面在夏季仍有淤积。

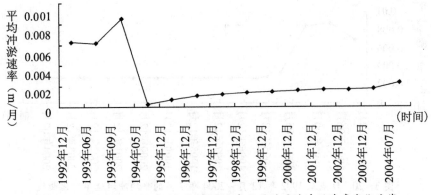

图 3 - 18　C 点从 1992 年 12 月到 2004 年 7 月的平均冲淤速率变化曲线

　　从图 3 - 18 中明显看出，C 点以淤积为主。各年的平均冲淤速率中，1992 年 12 月～1993 年 9 月平均淤积速率较大（因夏季滩面返淤），1993 年 9 月～1994 年 5 月平均淤积速率急剧减小（因冬季滩面水动力强，滩面侵蚀）。1994 年 5 月以后，滩面的平均淤积速率逐渐增大。

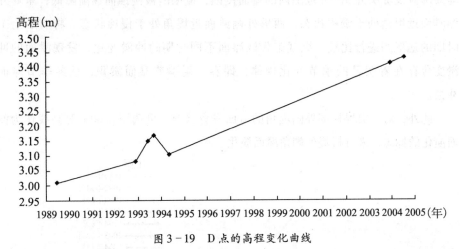

图 3 - 19　D 点的高程变化曲线

　　从图 3 - 19 中可明显看出，东突堤东侧的 D 点自工程建成之后，处于淤积状态。1994 年 5 月的测量结果显示该点在冬春季节被侵蚀，2003 年和 2004 年两次测量结果显示滩面尽管有所淤积，但与工程建造前的滩面相比，滩面仍然是被淤积的。说明突堤东侧的滩面处于淤积状态。

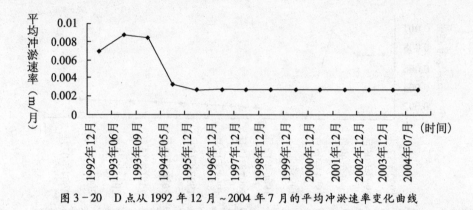

图 3-20　D 点从 1992 年 12 月~2004 年 7 月的平均冲淤速率变化曲线

　　从图 3-20 中明显看出，D 点以淤积为主。各年的平均冲淤速率中，1992 年 12 月~1993 年 9 月平均淤积速率较大（因夏季滩面返淤），1994 年 5 月以后，滩面的平均淤积速率基本不变。滩面淤积达到平衡状态。

　　综上所述，茅家港航道防护工程建成后，堤内滩面以淤积为主，而口门处、堤头两侧及堤头外 300m 范围内的滩面侵蚀，滩面因被侵蚀而逐渐降低；东堤外侧滩面近堤角处于淤积状态，西堤外侧滩面近堤角处于侵蚀状态。将前后七个时期的地形图进行比较，纵观工程区滩面不同时期的冲淤变化，发现滩面的冲淤变化存在着明显的季节变化规律，即春、夏季节滩面淤积，秋冬季节滩面冲蚀。

　　此外，对于突堤根部外侧堤角的滩面发育状况，可选用 3.00m 等高线作为滩面演化的标志，来分析堤外侧角滩面演化。

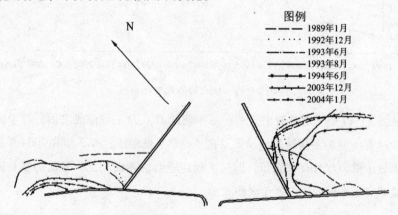

图 3-21　茅家港突堤外侧角 3.00m 等高线变化示意图

　　由图 3-21 可看出，建堤后西堤外侧堤角处的 3.00m 等高线有逐渐向海堤退
缩的趋势，在此过程中，3.00m 等高线曾有所往徊，即发生冲淤变化，但冲淤变
化幅度不大，并于 1994 年 5 月最终到达海堤附近。由 3.00m 等高线逐渐向海堤退
缩，并最终到达海堤附近这一现象表明，此处的突堤角尽管有冲刷和淤积的变化，
但总体上处于冲刷状态。建堤后东堤外侧堤角处的 3.00m 等高线迅速外移，1993
年 6 月以后，3.00m 等高线曾有一定程度的回移，但与建堤前相比，3.00m 等高线
仍有很大程度的外移，即此处的突堤角处于淤积状态。2003 年 12 月和 2004 年 7
月的两次测量结果表明西堤外侧在总体的冲刷状态下略有淤积、东堤外侧滩面淤
积，但因早已达平衡状态，冲淤变化的幅度很小。西堤外侧的淤积与吕四海岸大
环境的水动力变化有关，在茅家港岸段冲淤达到平衡状态后，个别时段水动力的
大小波动，使滩面有小的冲淤变化。另外，整个吕四近岸浅滩近几年普遍略有淤
积，也是突堤西侧近堤角滩面淤积的原因之一。

## 二、航道位置的变化

　　通过比较不同时期茅家港滩面地形图，观测茅家港滩面航道位置的变化，可
绘出茅家港航道变迁示意图（图 3-22）。双实堤工程建造后，突堤之间的航道位
置基本不变，航道深度在建堤后初期有所加深（是由于两突堤对落潮流束流加速，
滩面归槽水的冲刷），以后基本保持稳定（口门的高程达到动态平衡），口门处的
航道明显加深（加深 80cm）。但突堤以外的航道仍然摆动剧烈，处于自然的变化
状态，航道的位置和深度都处于不断的变化之中。茅家港工程的建成，有效保护
了突堤之间的航道段，使航道的位置和深度稳定，起到了保护航道的作用。

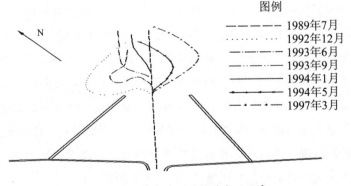

图例

—  —  —  — 1989年7月
................. 1992年12月
— · — · — 1993年6月
——  —— 1993年9月
————— 1994年1月
—●—●—● 1994年5月
— ·· — ·· — 1997年3月

图 3-22　茅家港滩面航道变迁示意

### 三、细沙粉沙质海岸突堤与沙质海岸突堤引起冲淤的比较

突堤的修建会引起沿岸泥沙运动或泥沙来源的变化。沙质海岸的突堤走向与沿岸泥沙输移方向垂直或斜交时，突堤的上游侧出现淤积，沉积物变细，下游侧泥沙来源相对减少，出现冲刷，沉积物粗化。现探讨细沙粉沙质海岸突堤建成以后，其上下游冲淤变化规律。

#### （一）细沙粉沙质海岸突堤引起的滩面冲淤变化

茅家港岸段在自然状态下，为典型的侵蚀性细沙粉沙质海岸，海岸建成防护工程之后，尽管岸线因侵蚀而后退的现象已被制止，但海滩的下蚀仍在继续。茅家港航道防护工程建成后，滩面不再全部被冲刷，而表现为有的位置淤积，有的位置冲刷。茅家港双突堤工程建成后，附近的滩面淤积区和冲刷区的分布如图 3-23 所示。

工程建成后，突堤西侧滩面表现为冲刷，两突堤之间和东堤外侧的滩面表现为淤积。由于茅家港突堤组合工程的两突堤间距离较小，使堤内充分淤积，整个组合工程可看成一个大型的突堤。茅家港所在的吕四岸段为细沙粉沙质海岸，其坡度平缓，水深变化小，破波在很开阔的海面发生，浑水也布满开阔的海域，分布在距岸很远的范围内。细沙粉沙质泥沙输移形态既有悬移质，又有推移质，且垂线分布比较均匀。在这样的细沙粉沙质海岸上修建突堤一类的工程，由于突堤的拦截，水流的速度加快，使突堤的上游水动力增强，即西突堤外侧水动力增强，携沙能力增强，潮流含沙量增大，产生岸滩冲刷；而突堤下游因突堤的阻挡，水流减弱，使该区域较平静，水动力减弱，产生岸滩淤长。突堤外侧的冲淤特征与刘家驹等（1995）研究淤泥质海岸突堤淤积规律的结论相一致，冲淤规律与淤泥质海岸修建丁坝后的淤积规律相同。从图 3-23 看，细沙粉沙质海岸上突堤建成后，初期突堤的上游侵蚀、下游淤积趋势明显，淤积的分布类似于淤泥质海岸的淤积分布；但冲淤到一定程度时，滩面冲淤达到平衡，滩面高程的变化不大，随着滩面水动力的变化，滩面表现出小幅度的冲淤变化。此处突堤的外侧的冲淤特征与淤泥质海岸突堤淤积规律的结论相一致，说明细沙粉沙质海岸的泥沙淤积是以悬沙淤积为主，底沙淤积为辅，且不存在很强的泥沙流或泥沙流作用不明显。

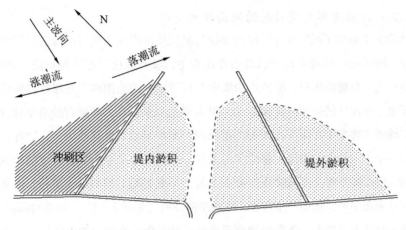

图 3 - 23　茅家港工程区的淤积区和冲刷区示意

### (二) 淤泥质海岸突堤引起的滩面冲淤变化

淤泥质海岸的坡度平缓，细颗粒泥沙在较大的范围内被波浪掀动悬浮，因其沉降速度小，在紊动较强的上游不能落淤，故淤积只能在下游掩护较好的平静水域发生。这是由于淤泥质海岸坡度平缓，水深变化小，破波在很开阔的海面发生，浑水也布满开阔的海域，分布在距岸很远的范围内。淤泥质泥沙输移形态以悬移质为主，且垂线分布比较均匀，悬移质泥沙的沉速相对推移质泥沙的沉速较小，浑水只有进入到比较平静的水域才能落淤。在这样的淤泥质海岸上修建突堤工程，由于突堤的拦截，使突堤的上游水动力增强，潮流含沙量增大，携沙能力增强，产生岸滩冲刷；而突堤下游因突堤的阻挡，水流减弱，使该区域较平静，水动力减弱，悬移质泥沙落淤产生岸滩淤长（如图 3 - 24 所示）。

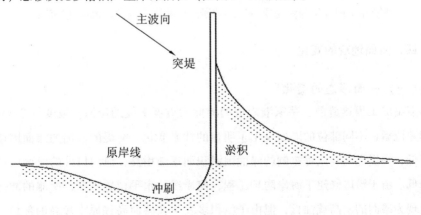

图 3 - 24　淤泥质海岸建丁坝后的海岸冲淤分布

### （三）沙质海岸突堤引起的滩面冲淤变化

沙质海岸修建丁坝后岸滩的冲淤规律与淤泥质海岸建丁坝后岸滩的冲淤规律完全相反。沙质海岸的海岸动力以波浪作用为主，海滩远比淤泥质海岸陡，坡度大，水深变化大，且破波带窄，泥沙运动集中在沿岸很窄的范围内。海岸在斜向波作用下，虽也存在泥沙的向岸—离岸运动，但主要是沿岸运动，即所谓的沿岸输沙。这种沿岸输沙主要集中在距岸比较近的范围内，泥沙运动以推移质为主，因此在沿岸输沙以一个方向为主的海岸上修建突堤工程，特别是当突堤的长度超过沿岸输沙的宽度时，沿岸输沙将全部被突堤拦截在上游，形成突堤上游的岸线淤长，而突堤下游因泥沙来源中断，从而产生突堤下游的岸滩冲刷（如图3-25）。随着时间的延长，上游堆积棱体逐渐增大，下游的冲刷范围也不断扩展，直到上游泥沙能绕过堤头而向下游输送时，两边各自的淤积和冲刷才会缓慢下来，达到新的岸线平衡。

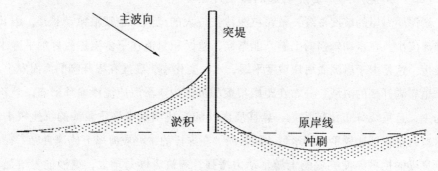

图3-25　沙质海岸建丁坝后的海岸冲淤分布

可见，由于细沙粉沙质海岸和淤泥质、沙质海岸的泥沙运动机制不同，导致突堤上下游的冲刷和淤积部位与淤泥质海岸的冲淤部位相同，与沙质海岸的冲淤部位相反。

## 四、滩面地貌的变化

### （一）平面形态的变化

双突堤工程建造前，茅家港附近的滩面为坡度平缓的岸滩，坡度仅0.83‰；工程建成后，不同部位的滩面发生了明显的冲淤变化：突堤的西侧的滩面因侵蚀而降低，突堤之间和东堤东侧的滩面因淤积而逐渐增高，口门以外的滩面因侵蚀而降低。由于沿岸修建了海岸防护工程，使岸线的水平位置不变，岸滩的冲淤主要表现为滩面的淤高或蚀低，但由于淤积多发生在滩面高程原本较高的部位，而侵蚀多发生在滩面高程原本较低的部位，致使整个滩面的高程起伏变大，地貌分异更加明显。平面的冲淤分布见图 3-23。

## （二）坡面形态的变化

由于滩面不断的冲淤，使不同部位的滩面的剖面形态发生了变化。突堤西侧的滩面因不断侵蚀，由上凸且坡度较小的坡面形态逐渐变为坡度大、滩面略下凹的形态（图 3-12-9）；突堤之间的滩面因淤积由坡度平缓上凸的形态逐渐变为上凸更明显的形态（图 3-12-7、图 3-12-8）；突堤东侧的滩面因滩面的淤积逐渐变为上凸的形态（图 3-12-6）。

## 五、滩面物质组成的变化

在工程建造前，茅家港滩面物质的中值粒径为 0.093mm，其中细沙（2-4φ）含量超过 60%，其他粒径的泥沙总量共不到 40%。而在建坝后，沙的含量不足 40%，粉沙（4~8φ）含量明显增大，达到 50%，滩面沉积物的粒度变细，由细沙粉沙质海岸变为粉沙淤泥质海岸。

表 3-2 建堤前后滩面中值粒径的变化（单位：φ）

| | 两堤内 | 西堤外侧 | 东堤外侧 | 口门处 | 堤头外侧 |
|---|---|---|---|---|---|
| 建堤前 | 3~4 | 3~4 | 3~4 | 3~4 | 3~4 |
| 建堤后 | 5.5~6.5 | 2.5~5 | 4~4.5 | 2.5~4 | 3~4 |

通过表 3-2 可知，工程建造以前，茅家港滩面在大范围内是较均匀的细沙质，泥沙中值粒径为 3~4φ，为细沙粉沙质海岸。工程建成以后，除堤头外侧和口门处，滩面其他位置的粒度发生了明显的变化：东堤外侧粒径变细；西堤外侧中值粒径变幅增大。

## 六、滩面地形的极差变化

极差是一定范围内滩面最大高程与最小高程的差值。滩面极差反映了滩面高低起伏程度的大小，经统计计算，茅家港滩面不同时期极差如表 3-3 所示。

表 3-3 港滩面不同时期高程极差（茅家港口向两侧各 500m 和向海 800m 的范围）

| 测量时间 | 极差（m） |
|---|---|
| 1989 年 7 月 | 1.07 |
| 1992 年 12 月 | 2.05 |
| 1993 年 6 月 | 2.12 |
| 1993 年 9 月 | 2.16 |
| 1994 年 5 月 | 2.10 |

（续表）

| 测量时间 | 极差（m） |
|---|---|
| 2003 年 12 月 | 2.09 |
| 2004 年 7 月 | 2.17 |

从表中可明显看出：工程建造前滩面的极差最小，说明滩面的起伏小。随着突堤工程的建设，滩面原有的地貌格局被打破，滩面极差总体表现出增大的趋势，但随着地形达到平衡状态，极差增大的趋势逐渐减缓。同时滩面高程的极差还表现出季节性变化，即一般表现为冬季极差较小而夏季极差较大。

## 第四节  基于数字高程模型的滩面冲淤变化的定量研究

为进一步准确地研究茅家港滩面的冲淤变化，可用 ERDAS 软件将不同时期的地形图进行配准和数字化形成矢量图层，再用 ArcView 软件生成不同时期的茅家港附近滩面数字高程模型（DEM），用高程累积曲线研究滩面的冲淤变化，通过 DEM 计算分析来准确研究滩面地形的变化，计算不同时间段、不同位置的淤积厚度和淤积量，定量地研究茅家港附近滩面地形的冲淤变化规律。数字化后形成的工程建造前后七个不同时期的数字高程模型如图 3-27、图 3-28、图 3-29、图 3-30、图 3-31、图 3-32 和图 3-33 所示。

### 一、高程累积曲线的变化反映的滩面冲淤变化

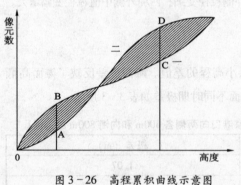

图 3-26  高程累积曲线示意图

高程累积曲线是指某高度及其以下的所有像元数之和随高度变化而变化的曲线，曲线的高低变化反映高程的变化（如图 3-26）。曲线一为开始时的高程累积曲线，曲线二为经过一段时间后的高程累积曲线。曲线由 B 降到 A 说明地面淤积，曲线由 C 升高到 D 说明地面侵蚀。

而茅家港数字高程模型的高程累积曲线是指某高度范围及其以下的所有像元数之和随高度范围变化而变化的曲线。曲线上某一点像元数为对应某高度范围的像元数与比它低的像元数之和。高程累积曲线反映了高程变化的趋势。

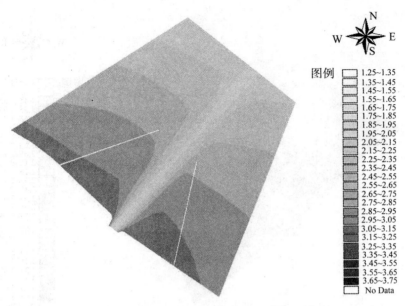

图 3 - 27　1989 年 7 月茅家港滩面数字高程模型

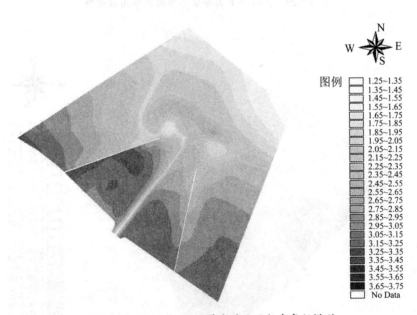

图 3 - 28　1992 年 12 月茅家港滩面数字高程模型

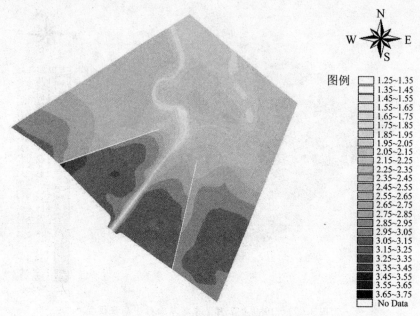

图 3 - 29    1993 年 6 月茅家港滩面数字高程模型

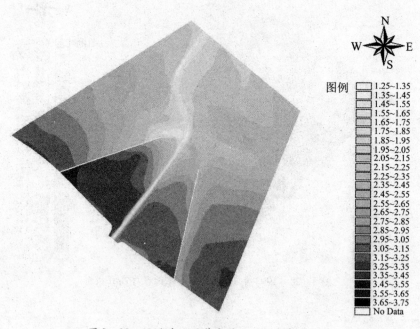

图 3 - 30    1993 年 9 月茅家港滩面数字高程模型

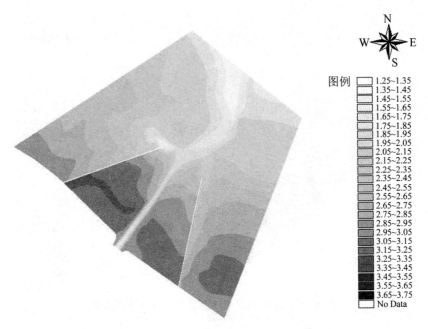

图 3 - 31　1994 年 5 月茅家港滩面数字高程模型

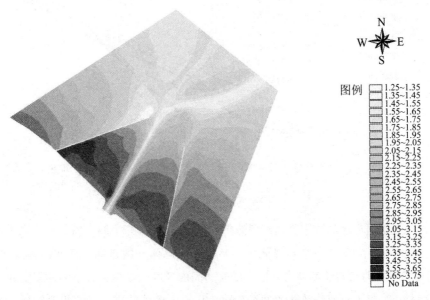

图 3 - 32　2003 年 12 月茅家港滩面数字高程模型

图 3-33　2004 年 7 月茅家港滩面数字高程模型

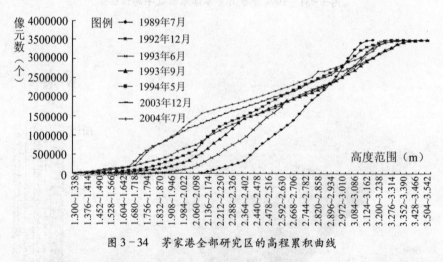

图 3-34　茅家港全部研究区的高程累积曲线

从全部研究区的数字高程模型的高程累计曲线（图 3-34）看，茅家港工程建成后到 1992 年 12 月的半年时间内，整个滩面总体冲蚀迅速，且冲蚀幅度很大；到 1993 年 9 月接近平衡状态。以后随着时间的延续，滩面又有小的冲淤变化，但幅度较小，仅表现出季节性的冲淤变化。从图中还可看出，高度相对较低处的位置（主要是口门以外的滩面），滩面冲蚀明显，冲刷幅度较大；高度相对较高处的位置（靠近主海堤的突堤内滩面和突堤东侧的滩面），滩面不仅不冲蚀反而有所淤积。从实际地形看，主要是靠近海堤的相对较高的浅滩处淤积明显，离岸较远处的低滩则以冲刷为主。其原因在于海滩高程较高处的水深较浅，受滩面摩擦力的作用较强，水流的流速较小、波高较小，水动力较弱，泥沙的落淤量较多。2003 年 12 月和 2004 年 7 月的高程累积曲线表明滩面侵蚀，高度低的滩面冲蚀明显。

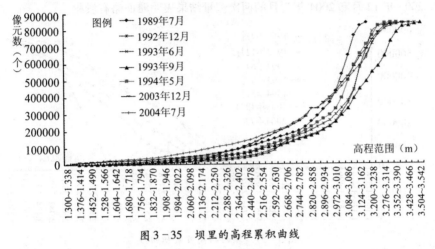

图 3-35　坝里的高程累积曲线

为了更准确地研究茅家港滩面不同位置的冲淤变化，可将做好的数字高程模型分成坝里、坝西、坝东和口门以外四个部分（具体分区如图 3-36 所示），分别进行研究。笔者统计了不同高程范围内的像元数，并绘制了各个部分的高程累积曲线。

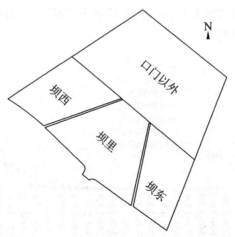

图 3-36　茅家港滩面数字高程模型分区示意图

从突堤之间的高程累计曲线图（图3-35）可看出，突堤之间滩面的高程变化明显。工程建成后，滩面总体表现出淤积为主的特点，到1993年9月滩面的淤积接近平衡状态；后来滩面又有冲淤变化，但变化幅度较小，主要是由水动力的季节变化引起的滩面冲淤的季节变化。高程较高的地方即靠近主海堤的滩面淤积较多。2003年12月和2004年7月的两次测量结果表明滩面略有淤积。

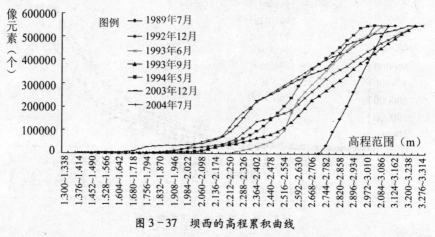

图3-37  坝西的高程累积曲线

从突堤西侧的高程累计曲线图（图3-37）可看出，1989年7月～1994年5月，突堤西侧滩面的侵蚀明显，随着时间的推移，滩面高程呈现逐渐降低的趋势。实际上，工程建成后到1994年5月滩面一直以被侵蚀为主，且幅度较大。中间也有冲刷淤积的变化，这种变化主要由水动力的季节变化引起。但由于滩面冲淤接近平衡状态，故冲淤变化不大。2003年12月和2004年7月的高程累积曲线表明滩面较低的位置侵蚀明显。

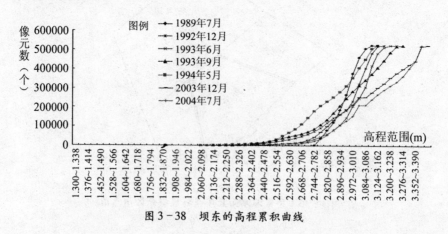

图3-38  坝东的高程累积曲线

　　从突堤东侧的高程累计曲线图（图 3-38）可看出，从 1989 年 7 月到 1994 年 5 月，突堤东侧滩面的冲淤变化明显，随着时间的推移，滩面总体呈现逐渐淤积的趋势。建坝初期滩面淤积明显，幅度较大，且以高处（靠近主海堤的位置）的淤积更明显。1993 年 9 月滩面达到平衡后，冲淤仍有季节变化：春夏季节滩面淤积，秋冬季节滩面冲蚀。2003 年 12 月和 2004 年 7 月的高程累积曲线表明滩面较高的位置仍有淤积。

　　从口门以外的高程累计曲线图（图 3-39）可看出，1989 年 7 月 ~ 1994 年 5 月，口门外滩面的侵蚀明显，随着时间的推移，滩面高程总体呈现逐渐侵蚀的趋势。但侵蚀随时间推移愈来愈缓慢，逐渐趋于稳定，以后滩面也有季节性的冲淤变化。1994 年 5 月以后，滩面仍有侵蚀。

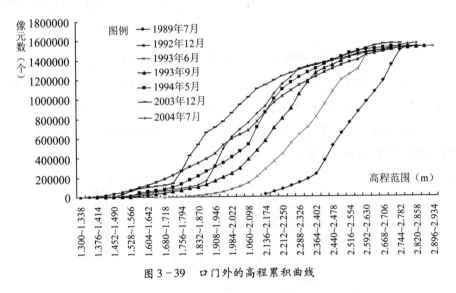

图 3-39　口门外的高程累积曲线

## 二、冲淤厚度

　　用 ArcView 软件将前后相邻的后期数字高程模型的高程减去前期的数字高程模型的高程，得到滩面上冲淤厚度的空间分布图（如图 3-40、图 3-41、图 3-42、图 3-43、图 3-44、图 3-45 所示）。

（一）冲淤厚度的分布

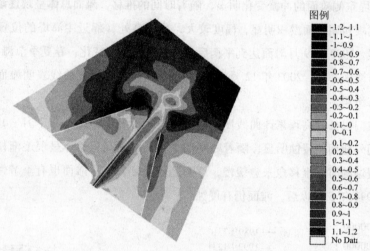

图 3-40 1989 年 7 月～1992 年 12 月滩面冲淤分布

从图 3-40 中看出：1989 年 7 月至 1992 年 12 月，茅家港工程区以外大范围内滩面以冲刷为主，而两突堤之间和东坝外侧的滩面淤积。反映出侵蚀性岸段滩面在冬季冲刷幅度较大的特点，而工程的建成改变了工程附近滩面的自然冲淤变化，即在两突堤之间和东坝外侧的部分滩面淤积。

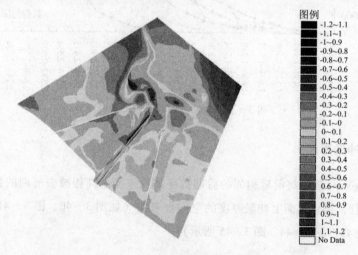

图 3-41 1992 年 12 月～1993 年 6 月滩面冲淤分布

从图 3-41 中看出：茅家港工程以外的大范围内滩面以淤积为主，在两突堤之间和东西堤外侧滩面略有冲蚀。茅家港滩面的冲淤变化有明显的季节性，夏季

有所淤积，反映在突堤口门以外的滩面淤积明显。突堤之间和突堤东侧部分滩面
也有所淤积，但大部分滩面却表现出小幅度的侵蚀，这是由于冬季滩面侵蚀的幅
度大，春夏季淤积量少，造成滩面的总体略有侵蚀。

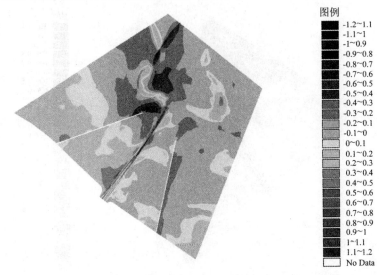

图 3 - 42　1993 年 6 月 ~ 1993 年 9 月滩面冲淤分布

　　从图 3 - 42 中看出：茅家港工程以外大范围内滩面以冲刷为主，在两突堤之
间和东西坝外侧近主海堤的滩面有所淤积。1993 为工程建成后的第二年，茅家港
附近滩面已接近平衡状态，滩面略有冲刷，但冲刷的厚度很小。

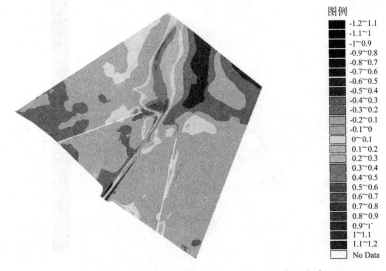

图 3 - 43　1993 年 9 月 ~ 1994 年 5 月滩面冲淤分布

从图 3-43 中看出：茅家港大范围内滩面以冲刷为主，两突堤之间和东西突堤外侧滩面有所冲刷，主要因为冬季水动力较强，造成整个滩面冲刷。也反映出滩面冲淤变化有季节性变化的一面，冬季整个茅家港滩面被冲刷。

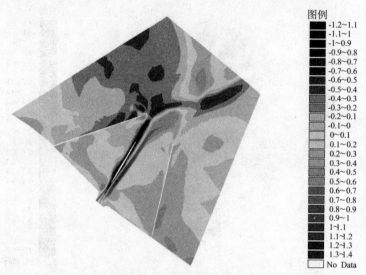

图 3-44　1994 年 5 月~2003 年 12 月滩面冲淤分布

从图 3-44 中看出：茅家港突堤西侧大范围内滩面以冲刷为主，在两突堤之间和东西突堤外侧滩面淤积。

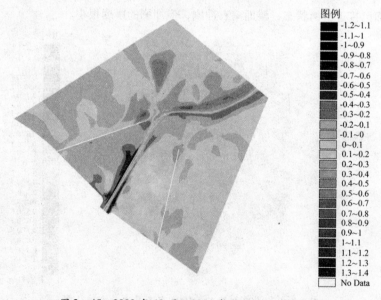

图 3-45　2003 年 12 月~2004 年 7 月滩面冲淤分布

从图 3-45 中看出：茅家港大范围内滩面淤积，因夏季滩面水动力较弱，滩面有所淤积。

## (二) 冲淤厚度频数分布图

研究滩面的冲淤变化趋势，可通过对冲淤分布图统计不同高程变化的像元数，做出冲淤厚度频数分布图。在图上若某时段曲线呈正态分布，说明该时段滩面总体上不冲不淤；若某时段呈正偏态分布，说明该时段滩面淤积；若某时段呈负偏态分布，说明该时段滩面侵蚀。

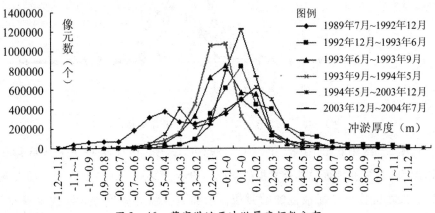

图 3-46　茅家港滩面冲淤厚度频数分布

从图 3-46 中看出，仅 1992 年 12 月～1993 年 6 月滩面淤积，这是由于堤外滩面的大量淤积造成整个滩面的平均状况为淤积；其他各个相邻的时段都表现出侵蚀。说明茅家港滩面整体以侵蚀为主。两次新的测量结果表明滩面达到平衡之后，随水动力的季节性变化，滩面又表现出季节性的冲淤变化。

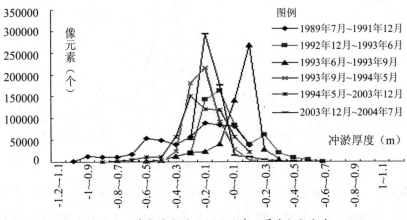

图 3-47　茅家港突堤西侧滩面冲淤厚度频数分布

从图3-47中看出，仅1996年6月~1993年9月滩面淤积；其他各个相邻的时段都表现出侵蚀。说明突堤西侧的滩面总体上处于被侵蚀的状态。两次新测量的地形表明滩面仍然侵蚀。

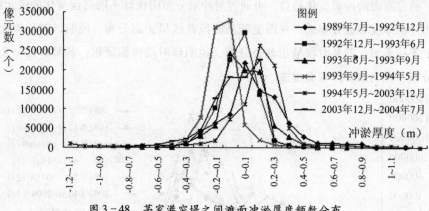

图3-48　茅家港突堤之间滩面冲淤厚度频数分布

从图3-48中看出，1989年7月~1992年12月、1992年12月~1993年6月滩面淤积，反映出滩面总体被淤积的状况；1993年9月~1994年5月，却表现出冲蚀，反映出整个滩面被侵蚀的时段，水动力较强时突堤内的滩面也被侵蚀。1994年5月以后，滩面有所淤积。

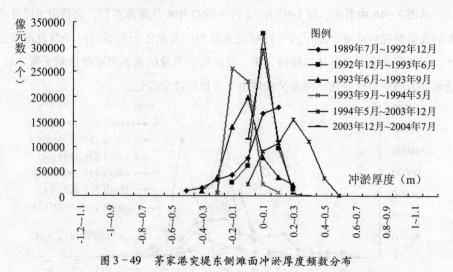

图3-49　茅家港突堤东侧滩面冲淤厚度频数分布

从图3-49中看出，1993年6月~1993年9月、1993年9月~1994年5月滩面侵蚀，其他相邻的时段都表现出淤积。反映突堤东侧滩面不断被淤积的特点。

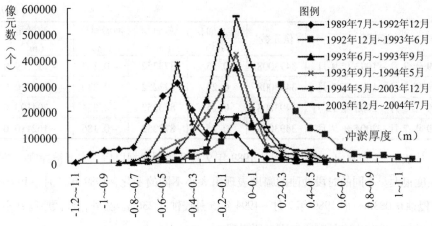

图3-50　茅家港突堤口门以外滩面冲淤厚度频数分布

从图中看出，仅1992年12月~1993年6月滩面淤积，因夏季滩面处于淤积阶段，所以突堤外的滩面处于淤积状态；其他各个相邻的时段都表现出侵蚀，反映了茅家港突堤以外滩面在自然状况下处于被侵蚀的状态。

（三）平均淤积厚度和淤积量

用不同时期数字高程模型计算的滩面不同位置的平均高程如表3-4所示。

表3-4　数字高程模型计算的不同时期不同位置滩面平均高程（m）

| 时　间 | 全　部 | 坝　西 | 坝　东 | 口门外 | 坝　里 |
|---|---|---|---|---|---|
| 1989年7月 | 2.756 | 2.939 | 2.958 | 2.553 | 2.885 |
| 1992年12月 | 2.551 | 2.700 | 2.964 | 2.117 | 3.004 |
| 1993年6月 | 2.672 | 2.708 | 3.020 | 2.366 | 3.003 |
| 1993年9月 | 2.623 | 2.777 | 2.968 | 2.228 | 3.044 |
| 1994年5月 | 2.520 | 2.612 | 2.872 | 2.143 | 2.913 |
| 2003年12月 | 2.522 | 2.544 | 3.097 | 2.034 | 3.063 |
| 2004年7月 | 2.570 | 2.534 | 3.150 | 2.136 | 3.043 |

根据滩面平均高程计算出的建坝后各时期滩面相对于建坝前的总冲淤厚度和冲淤量如表3-5所示。

表3-5　茅家港滩面的冲淤结果

| 时间段 | 像元数 | 像元面积（m²） | 总面积（m²） | 冲淤厚度（m） | 冲淤量（m³） |
|---|---|---|---|---|---|
| 1989年7月~1992年12月 | 3493008 | 0.25 | 873252 | -0.205 | -178826.0 |
| 1989年7月~1993年6月 | 3493008 | 0.25 | 873252 | -0.083 | -72559.4 |

（续表）

| 时间段 | 像元数 | 像元面积（m²） | 总面积（m²） | 冲淤厚度（m） | 冲淤量（m³） |
|---|---|---|---|---|---|
| 1989 年 7 月~1993 年 9 月 | 3493008 | 0.25 | 873252 | -0.133 | -115709.0 |
| 1989 年 7 月~1994 年 5 月 | 3493008 | 0.25 | 873252 | -0.236 | -205770.0 |
| 1989 年 7 月~2003 年 12 月 | 3493008 | 0.25 | 873252 | -0.234 | -204193.0 |
| 1989 年 7 月~2004 年 7 月 | 3493008 | 0.25 | 873252 | -0.186 | -162110.0 |

从表3-5中看出：整个滩面从1989年9月开始到建坝以后，主要被冲刷，冲刷的幅度很大。不同的时段冲蚀的幅度表现出大小不同的变化，1989年7月~1993年6月侵蚀0.083m，而1989年7月~1994年5月侵蚀0.236m。另外，侵蚀厚度并不是一直增加，反映出有的时段滩面有所淤积。

1989年7月~1993年6月和1989年7月~1993年9月，侵蚀量的减少反映出尽管滩面整体冲蚀，但个别时段由于水动力较弱，波浪掀起的外滩远处泥沙会被潮流带到近岸浅滩淤积。反映出整个滩面为被侵蚀大背景下，还表现出季节性的变化：秋冬季节海滩上以波浪为主的水动力较强，因此侵蚀较明显；春夏季节以波浪为主的水动力相对较弱，出现滩面的淤积。

图3-51表明：茅家港滩面总体处于冲刷状态，其中个别的时段滩面又有所淤积，如1993年6月、2004年7月，但滩面高程总体趋势是降低的。

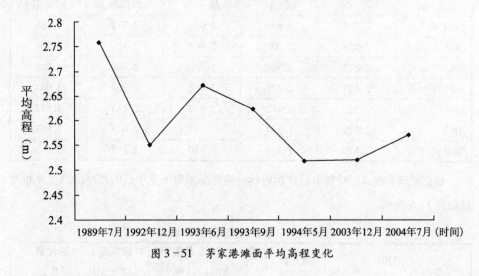

图3-51  茅家港滩面平均高程变化

将数字高程模型也分成坝里、坝东、坝西和口门以外四个部分，分别计算出建坝后各时期滩面相对建坝前的总冲淤量。

表 3 - 6　突堤西侧滩面的冲淤结果

| 时间段 | 像元数 | 像元面积（m²） | 总面积（m²） | 冲淤厚度（m） | 冲淤量（m³） |
|---|---|---|---|---|---|
| 1989 年 7 月 ~ 1992 年 12 月 | 546213 | 0.25 | 136553.3 | - 0.239 | - 32663.9 |
| 1989 年 7 月 ~ 1993 年 6 月 | 546213 | 0.25 | 136553.3 | - 0.231 | - 31478.5 |
| 1989 年 7 月 ~ 1993 年 9 月 | 546213 | 0.25 | 136553.3 | - 0.162 | - 22148.1 |
| 1989 年 7 月 ~ 1994 年 5 月 | 546213 | 0.25 | 136553.3 | - 0.327 | - 44641.3 |
| 1989 年 7 月 ~ 2003 年 12 月 | 546213 | 0.25 | 136553.3 | - 0.396 | - 53946.2 |
| 1989 年 7 月 ~ 2004 年 7 月 | 546213 | 0.25 | 136553.3 | - 0.403 | - 55043.0 |

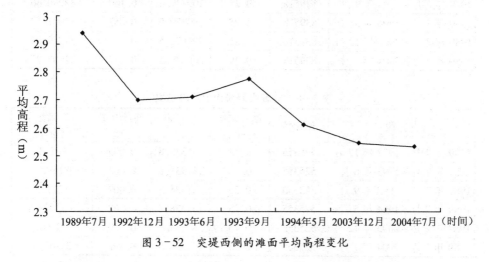

图 3 - 52　突堤西侧的滩面平均高程变化

突堤西侧的滩面总体冲刷，滩面因侵蚀而降低。仅 1993 年 9 月滩面淤积明显，是由夏季水动力较弱，泥沙落淤所致。

从表 3 - 6 中可看出：从 1989 年开始，坝西滩面以冲刷为主，且冲刷的幅度和速度都比整个滩面的平均值大。但 1992 年 12 月 ~ 1993 年 9 月，侵蚀厚度减小，说明滩面有所淤积，这是因为此段时间大部分为春夏季节，水动力较弱，导致滩面有所淤积。其他时段滩面以冲刷为主，季节变化明显。

突堤之间的滩面表现为以淤积为主，且建坝初期，淤积速率较大，以后速率有所减小。在个别的时段，坝里滩面也被侵蚀，这是由于在滩面冲淤达到平衡之后滩面冲蚀强烈的时段，整个滩面的水动力都很强，越坝和绕射的波浪仍然能掀起突堤内滩面泥沙，使其被潮流带走（整体滩面冲蚀剧烈的时段为 1993 年 9 月 ~ 1994 年 5 月）。至于 1992 年 12 月 ~ 1993 年 6 月，滩面略有侵蚀，平均侵蚀仅 0.001m，是由冬季滩面的水动力较强引起的。1989 年 7 月 ~ 1992 年 12 月，工程建造后的半年时间内，滩面淤积很快；到 1993 年 9 月滩面接近平衡状态。以后滩面随着季节的变化又有冲淤波动，主要是由水动力季节变化导致的，如 1994 年 5 月的滩面侵蚀。

表 3-7    突堤之间滩面的冲淤结果

| 时间段 | 像元数 | 像元面积（m²） | 总面积（m²） | 冲淤厚度（m） | 冲淤量（m³） |
|---|---|---|---|---|---|
| 1989 年 7 月~1992 年 12 月 | 839518 | 0.25 | 209879.5 | 0.119 | 24905.77 |
| 1989 年 7 月~1993 年 6 月 | 839518 | 0.25 | 209879.5 | 0.118 | 24692.11 |
| 1989 年 7 月~1993 年 9 月 | 839518 | 0.25 | 209879.5 | 0.160 | 33290.46 |
| 1989 年 7 月~1994 年 5 月 | 839518 | 0.25 | 209879.5 | 0.057 | 12007.63 |
| 1989 年 7 月~2003 年 12 月 | 839518 | 0.25 | 209879.5 | 0.176 | 37259.07 |
| 1989 年 7 月~2004 年 7 月 | 839518 | 0.25 | 209879.5 | 0.157 | 32997.25 |

表 3-8    突堤东侧滩面的冲淤结果

| 时间段 | 像元数 | 像元面积（m²） | 总面积（m²） | 冲淤厚度（m） | 冲淤量（m³） |
|---|---|---|---|---|---|
| 1989 年 7 月~1992 年 12 月 | 525355 | 0.25 | 131338.8 | 0.005 | 681.4 |
| 1989 年 7 月~1993 年 6 月 | 525355 | 0.25 | 131338.8 | 0.062 | 8159.2 |
| 1989 年 7 月~1993 年 9 月 | 525355 | 0.25 | 131338.8 | 0.009 | 1223.2 |
| 1989 年 7 月~1994 年 5 月 | 525355 | 0.25 | 131338.8 | -0.087 | -11429.0 |
| 1989 年 7 月~2003 年 12 月 | 525355 | 0.25 | 131338.8 | 0.139 | 18190.9 |
| 1989 年 7 月~2004 年 7 月 | 525355 | 0.25 | 131338.8 | 0.192 | 25162.3 |

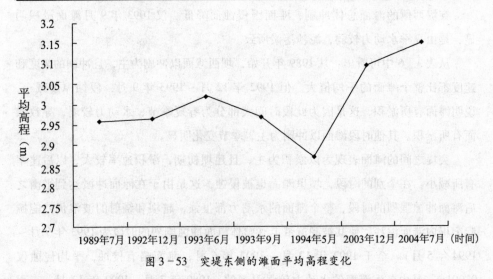

图 3-53    突堤东侧的滩面平均高程变化

突堤东侧滩面表现为以淤积为主，且建坝初期（1989 年 7 月～1992 年 12 月），淤积速率较小，原因是此时大范围内滩面处于冲刷状态，此处尽管淤积但淤积厚度较小；以后速率有所增大，1992 年 12 月～1993 年 9 月，滩面整体淤积，因此淤积厚度较大。1993 年 9 月～1994 年 5 月，因主要处于秋冬季节，滩面整体冲蚀剧烈，故坝东滩面也有所侵蚀。

表 3 - 9　口门外滩面的冲淤结果

| 时间段 | 像元数 | 像元面积<br>（m²） | 总面积<br>（m²） | 冲淤厚度<br>（m） | 冲淤量<br>（m³） |
|---|---|---|---|---|---|
| 1989 年 7 月～1992 年 12 月 | 1569182 | 0.25 | 392295.5 | - 0.436 | - 170895 |
| 1989 年 7 月～1993 年 6 月 | 1569182 | 0.25 | 392295.5 | - 0.187 | - 73517 |
| 1989 年 7 月～1993 年 9 月 | 1569182 | 0.25 | 392295.5 | - 0.325 | - 127476 |
| 1989 年 7 月～1994 年 5 月 | 1569182 | 0.25 | 392295.5 | - 0.410 | - 160744 |
| 1989 年 7 月～2003 年 12 月 | 1569182 | 0.25 | 392295.5 | - 0.519 | - 203757 |
| 1989 年 7 月～2004 年 7 月 | 1569182 | 0.25 | 392295.5 | - 0.417 | - 163725 |

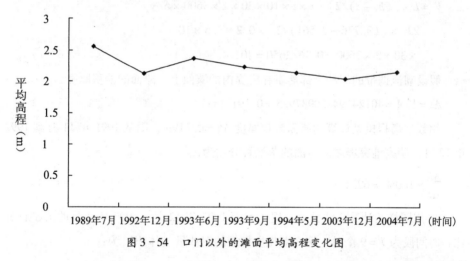

图 3 - 54　口门以外的滩面平均高程变化图

口门以外的滩面表现为以冲刷为主，且建坝初期到 1992 年 12 月冲刷较快，冲刷厚度达 0.436m。个别时段（1992 年 12 月～1993 年 6 月、2003 年 12 月～2004 年 7 月），即水动力较弱的春夏季节，吕四滩面整体淤积，口门以外的滩面也淤积。

### 三、突堤之间的滩面淤积计算

#### （一）突堤之间的落淤百分比

先用数字高程模型计算滩面不同时期的滩面淤积量，再根据潮流流速、过水断面面积、含沙量和天然泥沙的平均密度计算出相应时段滩面的潮流总的携沙量，前者与后者的比值即为该时段的落淤百分比。落淤百分比反映了滩面淤积快慢的趋势，落淤百分比越大，滩面淤积速度越快，落淤百分比越小，滩面淤积速度越慢，落淤百分比很小时滩面淤积即接近平衡状态。

1. 茅家港突堤航道防护工程 1991 年 11 月开始建设，1992 年 6 月建成。数字高程模型统计的结果：突堤内滩面面积 $A = 209879.5 \text{m}^2$，1989 年 7 月口门的滩面平均高度 $z = 2.561 \text{m}$；平均高潮位 $h_1 = 3.736 \text{m}$（吴淞高程零点），口门的宽度 $L = 230 \text{m}$，从口门滩面高度涨潮到平均高潮位的时间 $t = 3.5$ 小时，吕四浅滩的涨潮平均流速取 $\bar{v} = 0.2 \text{m/s}$，吕四近海的平均含沙量 $\bar{S} = 0.26 \text{g/L}$，泥沙的天然平均密度 $\gamma_s = 2650 \text{kg/m}^3$。

从 1991 年 11 月始建到 1992 年 12 月，时间段概化为 $T = 8/2 + 6 = 10$ 个月，那么潮流所携带的泥沙量（体积）为：

$$V = L \times \left[ (h_1 - z)/2 \right] \times \bar{v} \times t \times 10 \times 30 \times 2 \times 3600 \times \bar{S}/\gamma_s$$
$$= 230 \times \left[ (3.736 - 2.561)/2 \right] \times 0.2 \times 3.5 \times 10$$
$$\times 30 \times 2 \times 3600 \times 0.26/2650 = 40124.94 (\text{m}^3) \qquad (3-1)$$

假设潮流携带的泥沙全部落淤在突堤内的滩面上，滩面的淤积厚度为：

$$\Delta z = V/A = 40124.94/209879.5 = 0.191 \text{ （m）} \qquad (3-2)$$

用数字高程模型计算的滩面淤积厚度 $\Delta h = 0.119 \text{m}$，则从 1991 年 11 月到 1992 年 12 月，茅家港突堤之间滩面的落淤百分比为：

$$\frac{\Delta h}{\Delta z} \times 100\% = 62.1\% \qquad (3-3)$$

2. 用同样的计算方法计算突堤内滩面 1992 年 12 月 ~ 1993 年 9 月的落淤百分比，时间段为 $T = 9$ 个月，那么潮流所携带的泥沙量（体积）为：

$$V = L \times \left[ (h_1 - z)/2 \right] \times \bar{v} \times t \times 9 \times 30 \times 2 \times 3600 \times \bar{S}/\gamma_s$$
$$= 230 \times \left[ (3.736 - 2.4868)/2 \right] \times 0.2 \times 3.5 \times 9$$
$$\times 30 \times 2 \times 3600 \times 0.26/2650 = 38329.56 (\text{m}^3) \qquad (3-4)$$

假设潮流携带的泥沙全部落淤在突堤内的滩面上，滩面的淤积厚度为：

$$\Delta z = V/A = 38329.56/209879.5 = 0.183 \text{ （m）} \qquad (3-5)$$

用数字高程模型计算的滩面淤积厚度 $\Delta h = 0.040 \text{m}$，则从 1992 年 12 月 ~ 1993 年 9 月，茅家港突堤之间滩面的落淤百分比为：

$$\frac{\Delta h}{\Delta z} \times 100\% = 21.9\% \qquad\qquad (3-6)$$

3. 用同样的计算方法计算突堤内滩面在 1993 年 9 月到 2003 年 12 月的落淤百分比，时间段为 $T = 123$ 个月，那么潮流所携带的泥沙量（体积）为：

$$V = L \times \left[(h_1 - z)/2\right] \times \bar{v} \times t \times 9 \times 30 \times 2 \times 3600 \times \bar{S}/\gamma_s$$
$$= 230 \times \left[(3.736 - 2.252935)/2\right] \times 0.2 \times 3.5$$
$$\times 123 \times 30 \times 2 \times 3600 \times 0.26/2650 = 311398.2(\text{m}^3) \qquad (3-7)$$

假设潮流携带的泥沙全部落淤在突堤内的滩面上，滩面的淤积厚度为：

$$\Delta z = V/A = 311398.2/209879.5 = 1.484 \ (\text{m}) \qquad\qquad (3-8)$$

用数字高程模型计算的滩面淤积厚度 $\Delta h = 0.019\text{m}$，则从 1993 年 9 月到 2003 年 12 月，茅家港突堤之间滩面的落淤百分比为：

$$\frac{\Delta h}{\Delta z} \times 100\% = 1.3\% \qquad\qquad (3-9)$$

所计算的落淤百分比结果如表 3-10 所示。根据计算出的落淤百分比结果绘出落淤百分比变化曲线，如图 3-55。

表 3-10　落淤百分比

| 时间段 | DEM 计算淤积厚度（Δh） | 潮流携沙全部落淤厚度（Δz） | 落淤百分比 $\frac{\Delta h}{\Delta z}$ |
|---|---|---|---|
| 1991 年 11 月 ~ 1992 年 12 月 | 0.119m | 0.191m | 62.1% |
| 1992 年 12 月 ~ 1993 年 9 月 | 0.040m | 0.183m | 21.9% |
| 1993 年 9 月 ~ 2003 年 12 月 | 0.019m | 1.484m | 1.3% |

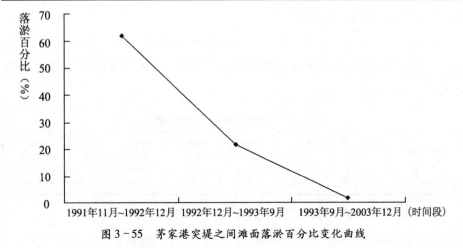

图 3-55　茅家港突堤之间滩面落淤百分比变化曲线

从图 3－55 中看出：建坝初期，滩面落淤百分比较大，说明建坝初期潮流挟带的泥沙在滩面落淤量大，滩面淤长快。1992 年 12 月以后，尽管潮流挟带的泥沙仍能落淤，但落淤百分比明显比工程建造后的第一个半年内的落淤百分比减少，且越往后实际落淤量越少，从 1992 年 12 月到 1993 年 9 月共 9 个月的时间内，落淤百分比仅为 21.9%，滩面仍能淤积，但堤内淤积速率逐渐减小，滩面逐渐接近平衡状态。从 1993 年 9 月到 2003 年 12 月共 123 个月的时间内，落淤百分比仅为 1.3%，滩面仍能淤积，但堤内淤积速率很小，突堤内滩面淤积早已达到平衡状态。

（二）突堤内滩面高程的变化趋势分析

工程建造前的茅家港滩面已接近平衡状态，在自然状况下滩面的冲淤变化不大，故以 1989 年 7 月的滩面地形代表工程建造前的滩面地形。1991 年 11 月的滩面平均高程为 2.886m（用工程前数字高程模型计算得到）；1992 年 12 月的滩面平均高程为 3.004m；1993 年 6 月的滩面平均高程为 3.044m，2003 年 12 月的滩面平均高程为 3.063m。

从图 3－55 中看出，从开始建坝到建坝后的 1992 年 12 月，茅家港突堤之间滩面淤积很快；这段时间滩面淤高 0.119m，滩面的平均高程从 2.886m 淤高到 3.005m，平均淤积速率达到 0.0085m/月。从 1992 年 12 月到 1993 年 9 月，滩面淤高 0.040m，滩面的平均高程从 3.004m 淤高到 3.044m，平均淤积速率仅 0.004m/月，明显比建坝初期的淤积速率要小，滩面淤积逐渐接近平衡状态。从 1993 年 9 月到 2003 年 12 月，滩面仅淤淤 0.019m，可见滩面达到平衡状态之后，滩面有少量落淤，但淤积速度是很慢的。

根据不同时期数字高程模型计算出的突堤之间的平均高程如表 3－10 所示。可看出工程建成后滩面不断淤积，到 1993 年 9 月滩面淤积接近平衡状态。

表 3－11　突堤之间的平均高程变化

| 时间 | 1991 年 11 月 | 1992 年 12 月 | 1993 年 6 月 | 1993 年 9 月 | 1994 年 5 月 | 2003 年 12 月 | 2004 年 7 月 |
|---|---|---|---|---|---|---|---|
| 平均高程（m） | 2.886 | 3.005 | 3.003 | 3.044 | 2.912 | 3.063 | 3.043 |

根据不同时期的平均高程可绘制滩面的高程变化线，如图 3－56。

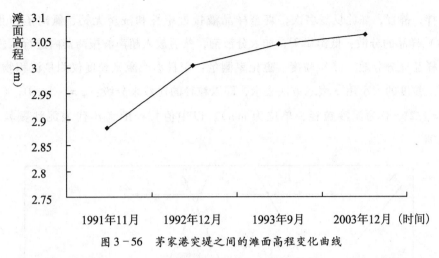

图 3-56　茅家港突堤之间的滩面高程变化曲线

　　总之，数字高程模型应用于海岸滩面变化的研究之中，尽管只是刚刚起步，但已从定量的角度对滩面冲淤变化进行了研究，研究的结果与定性研究的结果相互验证，客观而准确。但因为仅有七个时期的茅家港滩面地形资料，且在各年中的获取时间也不统一，给滩面的变化研究带来了很大困难。另外，影响滩面变化的因素包括潮流、波浪、泥沙粒径等，各因素又都处于不断变化之中，使建立动力模型进行滩面变化的预测很难进行。本研究中未建立动力模型对滩面的冲淤变化进行预测是不足之处。但数字高程模型的应用，实现了滩面变化的定量研究，提高了滩面变化研究的准确性。

## 第五节　茅家港沉积物粒度变化和磁化率变化

　　在对茅家港近岸大范围内的滩面沉积物粒度、磁化率测量、分析研究的基础上，课题组于 1993 年 9 月、1994 年 1 月，分别对茅家港滩面选点（所选点如图3-57所示）、取表面样，在室内对所采的样品进行了粒度、磁化率测量，其步骤分为五步。（1）洗盐：将定量的样品置于烧杯中，加清水并用玻棒搅拌使其充分溶解，然后静置至浊液完全沉淀下来后，再将烧杯中清水倾去，如此反复3~4次即可。（2）除去有机质：在装有样品的烧杯中加入适量浓度为 30% 的过氧化氢，同时用玻璃棒不停地搅拌，使沉积物样品中的有机质与过氧化氢充分反应，直至完全除去有机质为止。（3）中和及清洗钙、氯离子：在样品液中加入清水，搅拌，然后静置 24 小时，待其完全沉淀后，倒去清液，再加清水，搅拌，静置，如此反复多次，直至样品液接近中性和洗至无钙、氯离子为止。
（4）样品的分散：低温烘干，加入分散剂，然后放入超声波振荡器内进行振荡，使样品充分分散。（5）粒度、磁化率测量：用日本产激光粒度仪测量沉积物粒度。粒度的大小用 φ 表示方法表示，即以粒径的对数来分级：$\varphi = -\log_2 D$，（即 $D = 1/2^\varphi$，D 为泥沙粒径，单位为 mm）。以中值粒径的大小代表泥沙颗粒的粗细。

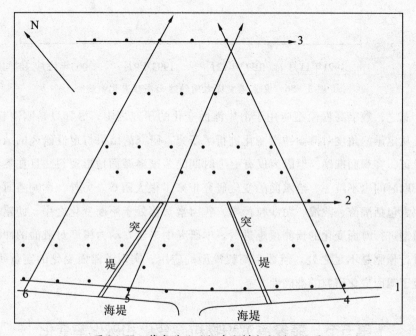

图 3-57  茅家港滩面粒度取样点和剖面位置

## 一、滩面沉积物的粒度变化

滩面水动力强的位置，粒度粗，即由岸边向海，沉积物粒度由细变粗。茅家港滩面粒度是如何变化的？本书通过对茅家港突堤工程建造前后的滩面粒度的测量、对比、分析，研究了茅家港工程建造前后潮滩上沉积物的粒度变化。

### （一）工程建造前后沉积物粒度变化

1993 年 9 月，课题组在采滩面表面样时，同时采滩面上较软的新淤泥层的硬底沉积物（沉积的时间较早，相当于建坝以前的滩面沉积物，采样点分布如图

3-58），并进行了粒度的测量。

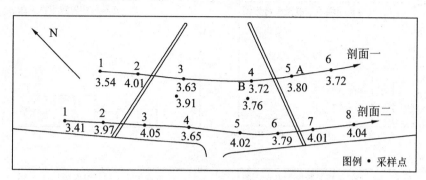

图3-58 茅家港建坝前滩面粒度（中值粒径φ值）分布

茅家港突堤航道防护工程建造以前，茅家港滩面的沉积物以细沙粉沙为主，滩面沉积物的粒径为3~4φ，泥沙粒径较均匀，总体上由岸向海泥沙粒径逐渐变粗，是由于滩面水动力由岸向海逐渐增强所致。根据测量的结果绘出工程建造前滩面沉积物中值粒径φ值分布如图3-58所示。工程建造前茅家港滩面沉积物分布比较均匀。

工程建成后，沉积物变成以粉沙淤泥为主，滩面沉积物的粒径为3~5φ的泥沙含量增加，滩面沉积物明显变细。自海堤向海，中值粒径的变化规律也比以前明显：随着离岸距离的增加，滩面沉积物的粒度逐渐变粗；茅家港滩面沉积物分布变得不均匀，滩面上由岸向海逐渐变粗的格局被打破。

为了更明显地看出建坝前后滩面粒度的变化，对图3-58中东坝外的A点、两坝之间的B点建坝前后的粒度频率直方图进行对比，如图3-59。

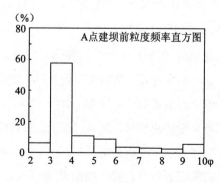

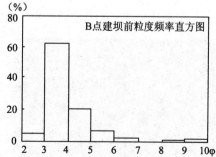

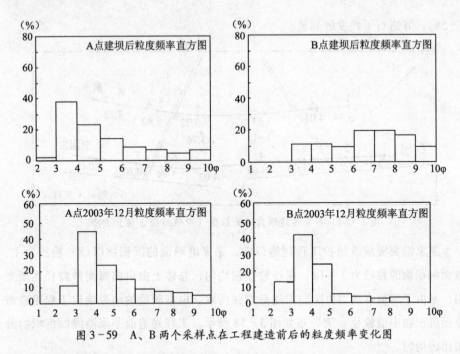

图 3-59　A、B 两个采样点在工程建造前后的粒度频率变化图

　　A 采样点建坝以前，细沙（2~4φ）含量超过 60%，其他粒径的泥沙总共不到 40%；而在建坝后，沙的含量不足 40%，粉沙（4~8φ）含量明显增大，增大到 50%。B 采样点在建坝以前，细沙（2~4φ）含量大于 60%，其他粒径的泥沙总共不到 40%；而在建坝后，细沙的含量不到 15%，粉沙（3~8φ）和黏土（>8φ）的含量明显增大，特别是黏土含量增加明显。通过对比，明显看出 A、B 两点在建坝以后，滩面沉积物的粒度变细。由细沙粉沙质海岸变为粉沙淤泥质海岸。

　　2003 年 12 月滩面上 A、B 两点的粒度直方图都说明滩面物质粗化，滩面的粒度变粗。尽管比建坝前的颗粒细一些，但滩面沉积物比建坝后初期还是明显粗化。

图 3-60　东堤头附近滩面上的沙波

建坝后（1993 年 9 月）滩面泥沙中的黏土的含量大，当时滩面测量时，走在滩上滩面很软，会下陷。2003 年 12 月测量滩面地形时，滩面已很硬，仅局部有浮泥层，滩面普遍硬实，在东堤头附近滩面有沙波发育（如图 3-60 所示），也说明滩面物质粗化，滩面已为非淤积环境，滩面沉积物在波浪作用下重新分

选，表面沉积物粗化，滩面以细沙粉沙为主。

　　为了更明显地看出工程建造前后滩面沉积物的粒度变化，可作出图中两条剖面上各采样点的粒度变化柱状图（图3-61，图3-62），从两条剖面上粒度的变化来看，工程建成后滩面沉积物的粒径都发生了变化，突堤之间和突堤东侧的滩面粒度变细（剖面一上3、4、5、6采样点，剖面二上3、4、5、6、7、8采样点，），而突堤西侧的粒度变粗（剖面一上2号采样点，剖面二上2号采样点，两个剖面上的1号采样点由于离突堤较远，受突堤的影响较小，故粒度变化较小）。反映出工程建造后，突堤之间和东突堤东侧滩面沉积物变细，水动力变弱，滩面淤积。

　　根据滩面采样的粒度测量结果，滩面不同位置的粒度变化对比如表3-12所示。

表3-12　建堤前后滩面中值粒径的变化　　（单位：φ）

| | 两堤内 | 西堤外侧 | 东堤外侧 | 口门处 | 堤头外侧 |
|---|---|---|---|---|---|
| 建堤前 | 3~4 | 3~4 | 3~4 | 3~4 | 3~4 |
| 建堤后 | 5.5~6.5 | 2.5~5 | 4~4.5 | 2.5~4 | 3~4 |

　　通过表3-12可知，工程建造以前，茅家港滩面在大范围内是较均匀的细沙质，泥沙中值粒径为3-4φ，为细沙粉沙质海岸。工程建成以后，滩面不同位置的粒度发生了明显的变化：突堤口门处的滩面沉积物的中值粒径变化不大；堤头以外的滩面沉积物的粒度与建堤以前的相似；东堤外侧粒径较细；西堤外侧，建堤后的滩面沉积物的中值粒径变幅增大。滩面沉积物以细沙粉沙为主，为典型的细沙粉沙质海岸。

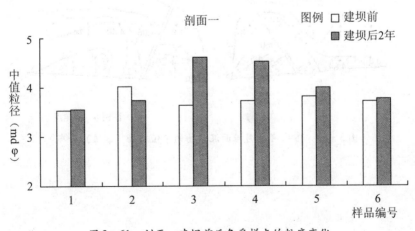

图3-61　剖面一建坝前后各采样点的粒度变化

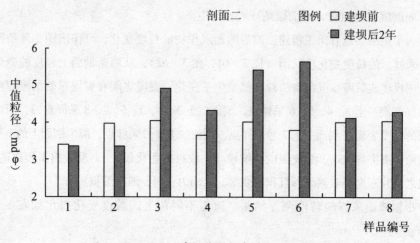

图 3-62　剖面二建坝前后各采样点的粒度变化

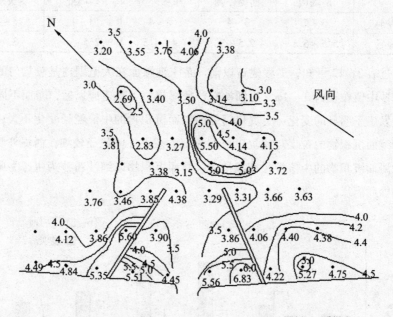

图例　·　采样点

图 3-63　1993 年 9 月滩面沉积物的中值粒径（φ值）分布

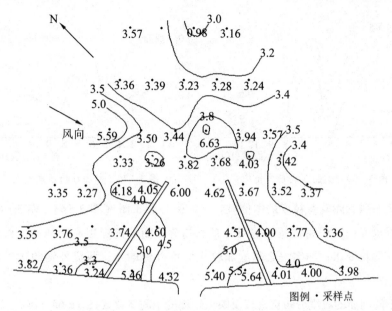

图 3-64　1994 年 1 月滩面沉积物的中值粒径（φ值）分布

## （二）粒度的空间变化

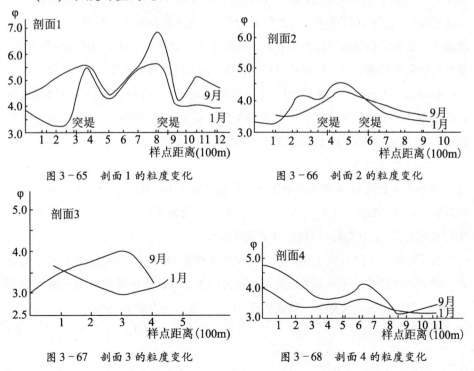

图 3-65　剖面 1 的粒度变化

图 3-66　剖面 2 的粒度变化

图 3-67　剖面 3 的粒度变化

图 3-68　剖面 4 的粒度变化

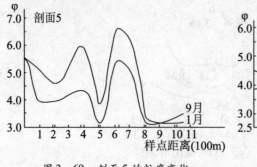

图 3-69　剖面 5 的粒度变化

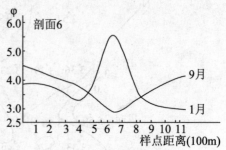

图 3-70　剖面 6 的粒度变化

从不同时间滩面粒度的中值粒径（φ值）分布图（图 3-63、图 3-64）上可以看出滩面沉积物粒径的空间分布总趋势：随着离岸距离的增加，粒径逐渐增大，颗粒变粗；两突堤之间的颗粒比突堤外侧的细，西堤外侧的颗粒比东堤外侧的粗。

不同剖面的粒度分布更直接反映出粒度的空间变化（图 3-65～图 3-70）：

综合剖面 1、2、3（图 3-65～图 3-67）来看，突堤内的粒径比突堤外的细，且 9 月份西堤外侧的颗粒比东堤外的细，1 月份西堤外侧的颗粒比东堤外的粗。离海堤最近的剖面 1 颗粒最细，而离海堤最远的剖面 3 颗粒最粗。剖面 1 受突堤的影响最大，故颗粒粗细的变化波动大。而剖面 3 离突堤最远，颗粒的粗细变化最小。突堤内的颗粒较细。西堤外侧的颗粒 1 月比东堤外侧的粗，9 月比东堤外侧的细。

综合剖面 4、5、6（图 3-68～图 3-70）来看，曲线都有自岸边向海逐渐降低的特点，沉积物颗粒由岸边向海逐渐变粗。堤头外侧 100m～300m 范围内沉积物的颗粒变细。9 月份滩面的沉积物颗粒比 1 月份的细。

（三）粒度时间变化

1993 年 9 月和 1994 年 1 月的滩面沉积物粒度（中值粒径 φ 值）分布图和六幅剖面图，反映了粒度的空间分布和变化，同时也反映出粒度的时间变化规律：就平均状况而言，1 月的颗粒较粗，9 月的颗粒较细。

为了说明粒度的时间变化，将 9 月份的中值粒径（φ）与对应点 1 月份的相减，得到二者的差，并绘出 9 月份与 1 月份的粒度（φ值）差值的分布图（如图 3-55），可以看出：大部分采样点 9 月份的粒径比 1 月份的粒径细。

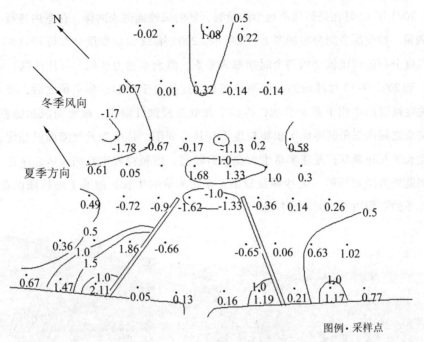

图3-71　9月份、1月份沉积物中值粒径（φ）差值分布

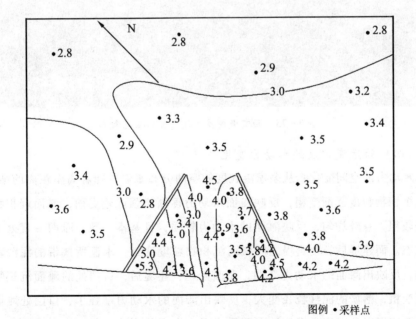

图3-72　2003年12月茅家港滩面粒度分布

2003 年 12 月在进行滩面地形测量时，同时采滩面的表面样，在室内进行了粒度测量。粒度的空间分布如图 3-72 所示。2003 年 12 月的粒度分布与 1994 年 1 月的粒度分布进行比较（因两个时期都为冬季，滩面水动力相似，可比性强）可看出：到 2003 年 12 月滩面的粒度整体变粗。这是由于滩面达到平衡之后，滩面沉积物在波浪的作用下重新分选，再加上此处为侵蚀性海岸，故滩面沉积物粗化。而突堤之间两堤角的滩面沉积物粒度不变甚至变细，是因为此处滩面已稳定，并已生长了互花米草；互花米草生长在动力较弱、细颗粒较丰富的海区，这进一步说明此处为淤积环境，泥沙颗粒较细。互花米草的生长，加速了悬移质的落淤，使堤角的淤积明显，泥沙颗粒细。

图 3-73　西突堤内堤角处生长的互花米草

（四）粒度变化反映水动力变化

水动力的空间变化：从茅家港粒度的空间分布来看，随着离岸距离的增加，滩面沉积物粒度逐渐变粗，反映滩面水动力逐渐增强。建堤前，滩面沉积物的粒径较粗，且较均匀，反映滩面的水动力较强，且基本一致，滩面一直处于侵蚀状态。而建堤后，两突堤之间滩面沉积物粒度变细，水流所挟带的泥沙粒径变细，反映出滩面的水动力变弱，滩面淤积；建堤后，口门处的滩面沉积物的粒径变粗，落淤的泥沙粒径变大，反映出滩面的水动力增强了，口门处滩面冲蚀；两突堤以外远离突堤的地点不受或弱受突堤的影响，落淤的泥沙粒径变化不大，致使突堤以外的滩面沉积物的粒度与建堤前后相似，反映了滩面的水动力基本不变；东堤外侧，堤角滩面沉积物的粒度变细，反映建堤后东堤外侧堤角的水动力变弱了，滩面淤积；西堤外侧堤角，建堤后的滩面沉积物的粒度变化为：1 月粗，9 月细，说明 1 月的水动力较强，9 月减弱，总体上表现为冲蚀。

水动力的时间变化：茅家港滩面沉积物粒度的时间变化也十分明显。从前面六个剖面图 9 月与 1 月的滩面沉积物中值粒径 φ 值比较来看，除剖面 2 与剖面 5 外，其他剖面均是 1 月的滩面沉积物粒度比 9 月的粗，反映了以波浪为主的水动力 1 月强于 9 月。而剖面 2 与剖面 5 主要是受突堤影响，剖面 2 中距离突堤较远的地方，仍有上述规律，只是堤头附近和两突堤口门处有所不同。其主要原因是由于涨落潮时过水断面缩窄，流速加快，潮流作用相对较强引起冲刷，加上 1 月沿岸流的冲刷，导致在西堤头周围形成深潭，1 月粒度偏细，故出现了夏季粒度比冬季粗的特殊情况。对滩面多时期沉积物进行粒度分析，得到工程区内外滩面不同时间的中值粒径（表 3-13）。

表 3-13 工程区内外滩面的中值粒径（φ 值）

| 月 份 | 堤 内 | 西堤外侧 | 东堤外侧 | 堤头外侧 | 平均值 |
|---|---|---|---|---|---|
| 1 | 5.5 | 2.5 | 4 | 3 | 3.8 |
| 5 | 6 | 3.5 | 4 | 3.5 | 4.3 |
| 9 | 6.5 | 5 | 4.5 | 4 | 5 |
| 平均值 | 6 | 3.7 | 4.2 | 3.5 | / |

从表 3-13 中看出，堤内滩面沉积物的粒径 1 月与比 9 月粗，说明 1 月的水动力比 9 月的强；堤内平均中值粒径比堤外小，说明堤内水动力比堤外弱。1 月份西堤外侧的粒径比东堤外粗，说明西北风浪对西堤外滩面作用较强。9 月份西堤外侧的粒径比东堤外细，说明东南风浪对东堤外滩面作用较强。

## 二、沉积物磁化率变化

滩面水动力强的地方，沉积物粒度粗，沉积物的磁化率大。磁化率是指物质放于外磁场中获得的磁化强度与磁场强度的比值。磁化率反映的是样品的矿物学性质，即表明有磁性铁氧化物存在，也就是说磁化率与铁磁性矿物有关。通过对茅家港滩面粒度、磁化率的测量、分析来研究工程建造后潮滩上沉积物的磁化率变化及其与粒度变化的关系，磁化率采样点如图 3-74 所示。

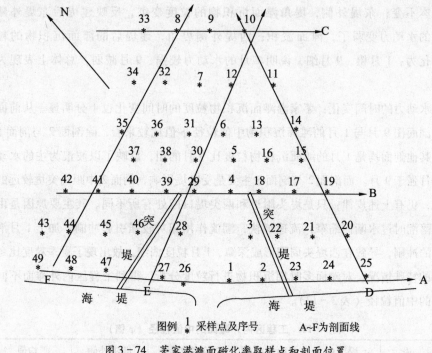

图例 ₁ 采样点及序号    A~F为剖面线

图 3-74  茅家港滩面磁化率取样点和剖面位置

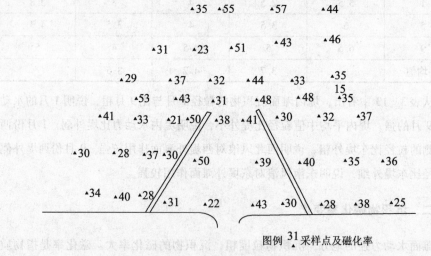

图例 ₃₁ 采样点及磁化率

图 3-76  1994 年 1 月滩面沉积物的磁化率分布

随着离岸向海距离的逐渐增加,茅家港滩面沉积物的磁化率有逐渐增大的趋势。9 月份,在西坝外侧,随着离岸向海距离的增加,磁化率逐渐增大;东坝外侧,随着离岸向海距离的增加,磁化率变化较小,整体上也有增大的趋势(图 3-

75）。1月份，在西坝外侧，随着离岸向海距离的增加，磁化率逐渐增大；东坝外侧，随着离岸向海距离的增加，磁化率增大（图3-76）。

不同剖面的磁化率分布更能直接地反映出磁化率的空间变化特点：

综合考虑A、B、C剖面（图3-77~79），西堤西侧的磁化率值较大，口门以外滩面的磁化率值大。综合考虑D、E、F剖面（图3-80~82），总体上磁化率曲线增高，说愈远离海岸磁化率的值愈大。从剖面变化看，磁化率的时间变化规律不明显，就平均情况来说，9月的磁化率略大于1月的磁化率。

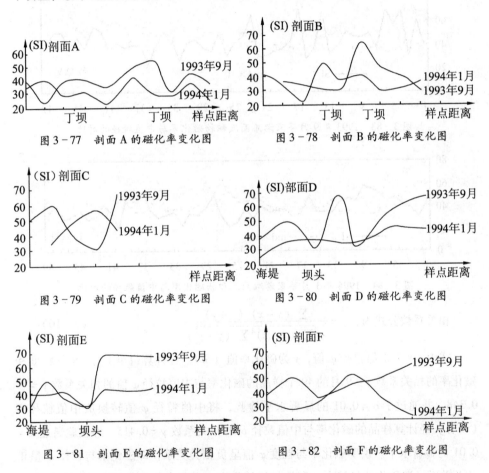

图3-77　剖面A的磁化率变化图　　图3-78　剖面B的磁化率变化图

图3-79　剖面C的磁化率变化图　　图3-80　剖面D的磁化率变化图

图3-81　剖面E的磁化率变化图　　图3-82　剖面F的磁化率变化图

### 三、磁化率变化与粒度变化的关系

将同一时期的滩面沉积物的磁化率变化和粒度变化绘到同一张图上（图3-83、图3-84），横坐标为样品的序号，纵坐标（左端）为磁化率SI，纵坐标（右端）为中值粒径（φ值）×10（md 都乘以 10 以便于与磁化率进行比较），这样可以比较磁化率与粒度的关系。

通过两幅磁化率与中值粒径 φ 值的对比图可明显地看出：大多数采样点都是磁化率曲线的波峰与粒度曲线的波谷相对应，即磁化率与中值粒径（φ值）呈负相关关系，φ 值越小（即颗粒粒度越大），磁化率越大。每幅图上分别仅有 5~6 个采样点样品表现出磁化率与中值粒径的同步变化，即 φ 值越大（即颗粒粒度越小），磁化率越大。

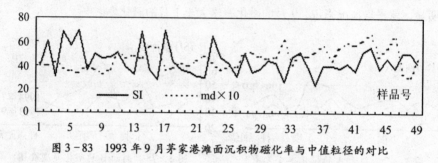

图 3-83　1993 年 9 月茅家港滩面沉积物磁化率与中值粒径的对比

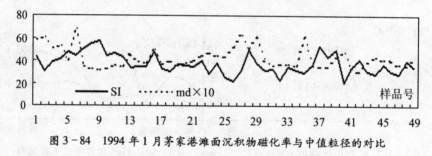

图 3-84　1994 年 1 月茅家港滩面沉积物磁化率与中值粒径的对比

相关系数公式为：
$$\gamma = \frac{\sum (x - \bar{x})(y - \bar{y})}{\sqrt{\sum (x - x)^2 \sum (y - y^2)}} \qquad (3-10)$$

式中：$x$ 为中值粒径 φ 值，$y$ 为磁化率值（$SI$）。经计算得出 1 月、9 月粒度和磁化率的相关系数 $\gamma$：9 月的 49 个样品的磁化率与中值粒径 φ 值的相关系数 $\gamma = -0.348$，并通过了 $\alpha = 0.01$ 的显著水平检验；将中值粒径 φ 值转换成中值粒径 $D$（$mm$），经计算样品的磁化率与中值粒径 $D$ 的相关系数 $\gamma = 0.415$，经检验通过 $\alpha = 0.01$ 的显著水平。说明磁化率与粒度 φ 值呈负相关关系，即磁化率与粒径 $D$ 呈正相关关系，沉积物粒径越大、颗粒越粗的位置，磁化率往往也越大。1 月的 49 个样品的磁化率与中值粒径 φ 值的相关系数 $\gamma = -0.185$，虽然未通过 $\alpha = 0.1$ 的显著水平检验，但将中值粒径 φ 值转换成中值粒径 $D$（$mm$），经计算样品的磁化率与中值粒径 $D$ 的相关系数 $\gamma = 0.289$，通过了 $\alpha = 0.05$ 的显著水平检验，说明磁化率

与中值粒径 $\varphi$ 值有负相关关系，即磁化率与中值粒径 $D$ 呈正相关关系，沉积物颗粒越粗的位置，磁化率往往也越大。

茅家港工程建造后，离岸越远的滩面，沉积物的磁化率越大；磁化率与中值粒径的 $\varphi$ 值呈负相关关系，磁化率与粒径 $D$ 呈正相关关系，即 $\varphi$ 值越小，颗粒粒径 $D$ 越大，磁化率越大。

### 四、磁化率变化、粒度变化与水动力的关系

某一粒级重矿物往往与更粗粒级的轻矿物伴生，富集于粗一级沉积物中。滩面水动力越强的地方，中值粒径越大，沉积物的颗粒越粗，磁化率的值越大。滩面沉积物磁化率、粒度变化与水动力变化表现出正相关的关系。

磁化率反映的是样品的矿物学性质，即表明有磁性铁氧化物存在，也就是说磁化率与铁磁性矿物有关，铁磁性矿物为重矿物。磁化率分布和变化与水动力条件的变化有显著的关系，茅家港滩面沉积物也不例外。重矿物与轻矿物因密度差异而有不同的水动力行为：在相同的水动力情况下，轻矿物更易于启动而被搬运。在搬运过程中，在水动力条件减弱的情况下，以铁磁性矿物为代表的重矿物伴随着颗粒较粗的轻矿物首先沉积，因此重矿物在水动力较强处富集，而在水动力相对较弱处含量较低；轻矿物则与之相反。因此，水动力强的地方，沉积物的粒度粗，重矿物含量高，铁磁性矿物含量高，致使磁化率的值大。

为了更清楚地说明水动力强的地方，沉积物的粒度粗，磁化率大，即重矿物的富集机制，从沉积动力学的角度说明以磁铁矿为代表的重矿物在沉积过程中的聚散规律，王建等根据泥沙起动公式作了相关研究。

泥沙起动公式：$\tau_e = \beta (\gamma_s - \gamma) D$ $\qquad$ (3-11)

$\tau_e$ 为临界剪应力，$\beta$ 为颗粒形状及颗粒雷诺数有关的系数，$\gamma_s$ 与 $D$ 分别为泥沙颗粒密度与粒径，$\gamma$ 为水的密度。在一定动力（剪应力）条件下，泥沙能否起动取决于泥沙颗粒粒径 $D$ 与密度 $\gamma_s$，根据这一公式讨论在同一动力条件下，对密度不同（分别为 $\gamma_1$ 与 $\gamma_2$）的两种泥沙颗粒，所能起动的颗粒粒径（分别为 $D_1$ 与 $D_2$）有什么差异。由于动力条件相同，故有：

$$\beta_1 (\gamma_1 - \gamma) = \beta_2 (\gamma_2 - \gamma) D_2 \qquad (3-12)$$

假设颗粒形状与介质性质相同，即有 $\beta_1 = \beta_2$，可得：

$$(\gamma_1 - \gamma) D_1 = (\gamma_2 - \gamma) D_2 \qquad (3-13)$$

由式 3 - 13 可以看出，在同一动力条件下，泥沙颗粒密度越大，所能起动、搬运的颗粒粒径越小。这给我们以启示：某一颗粒的重矿物往往与更粗粒径的轻矿物伴生。在水动力强的地方，泥沙颗粒沉降时，以铁磁性矿物为代表的重矿物就相对富集于较粗粒径的轻矿物中，磁化率大。

由于地球上粗碎屑沉积物（砂、粉砂）的矿物组成以石英、长石占绝对优势（>80%），石英、长石的粒度特征基本上代表了粗碎屑物的粒度特征，且石英、长石都为轻矿物。因而，某一粒级重矿物往往与更粗粒级的轻矿物伴生、富集于粗一级沉积物中。故滩面水动力越强的地方，中值粒径越大，沉积物的颗粒越粗，往往磁化率的值越大。这就致使茅家港滩面沉积物磁化率、粒度与水动力表现出正相关的关系，磁化率、粒度与水动力的关系符合三者关系的一般规律。

总之，茅家港双突堤工程建成后，滩面水动力、泥沙粒径、沉积物磁化率和滩面地形都发生了变化，四者之间有密切的关系，反映出粒度、磁化率变化和滩面冲淤变化的一致性。通过对四者变化的研究，相互验证研究方法的准确性，并综合各方面的研究得到的结论是：在西堤西侧，近堤角滩面粒径较粗，磁化率较大，滩面水动力较强，滩面以侵蚀为主；在东堤东侧，近堤角滩面粒径较细，磁化率较小，滩面水动力较弱，滩面以淤积为主；在两突堤之间，滩面粒径较细，磁化率较小，滩面水动力较弱，滩面以淤积为主；在突堤以外，滩面粒径较粗，磁化率较大，滩面水动力较强，滩面以侵蚀为主。

## 第六节　茅家港岸滩地貌变化的原因分析

茅家港突堤航道防护工程对突堤之间的航道起到了维护作用，突堤有效阻止了沿岸流所携带的泥沙对航道的淤积，并大大减弱了波浪对堤内滩面泥沙的作用。由于突堤的阻挡作用，从口门处传入突堤之间的波浪基本上平行于航道，由风浪起动的少量泥沙也只平行于航道移动，并落淤到突堤之间的滩面上，对航道的影响不大。由于突堤之间归槽水的作用，使航道内的流量和流速增大，冲刷航道，使航道在口门处冲刷加深。此外，来往的船只对滩面的扰动，也对航道的维护起到了积极的作用。茅家港工程建成后，由于突堤的屏蔽作用明显，堤内水动力条件较弱，沉积作用较强。经现场采样分析比较，两堤内外的水体含沙量相差很大，堤外水体含沙量达 0.16 ~ 0.185kg/m³，而突堤之间只有 0.052 ~ 0.09kg/m³，这证明堤外水动力条件较强，侵蚀作用较强；堤内水动力条件较弱，沉积作用较强。

由于沿堤流及纳潮水的冲淤作用，使堤头周围滩面的流速比建堤前增大，水动力增强，使此处滩面蚀低。潮流只能从口门处出入环抱式突堤组合工程内的滩面，从而使口门处流速较大，对口门处的滩面及航道产生侵蚀。突堤外航道受突堤影响较小，航道位置变化幅度较大，处于一种自然的变化状态。绕过堤头的沿岸流对堤头深潭起着维持作用。堤头外侧滩面由于受突堤的影响较小，仍然处于一种自然的变化状态，即以侵蚀为主，并有春夏季淤积、秋冬季侵蚀的季节变化。

## 一、水动力的变化

### （一）波浪变化

建堤的主要目的之一就是防止在风浪的作用下，潮滩表面细沙粉沙质泥沙的运移对航道的淤积。突堤建成后，波浪只能通过口门进入堤内，由于口门较小，波浪进入口门以后，产生衍射作用，使波能分散，波高降低，动力减弱，有效地减弱了波浪对浅滩底沙的作用。对 NNW – EN 向强风浪而言，西堤外侧为迎风浪的一侧，水动力较强。东堤外侧则是背风浪的一侧，为波影区，水动力较弱，泥沙容易落淤。主波向的波峰线传到茅家港附近滩面时发生变形，如图 3 – 85 所示，使突堤之间航道东侧的滩面波浪动力相对较强，因此航道东侧的淤积量比西侧的淤积量小一些。东突堤外侧的波影区内波浪动力较弱，泥沙落淤，滩面淤积。

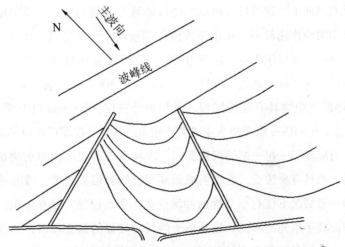

图 3 – 85　主波向的波峰线传到茅家港附近时的变形示意

（二）潮汐变化

建堤的另一主要目的是阻止沿岸流将潮滩底沙带至航道淤积。突堤建成后，沿岸流受突堤的阻挡，绕过突堤区，使堤内保持平静的水域，动力较弱。潮流主要是在涨落潮时对堤内滩面产生影响。建堤后在滩面上进行流速、流向的测量，口门处的涨潮流流向为150°～290°，平均为180°～200°，即南至南西南；落潮流流向为70°～110°，平均为80°～90°，即向东。口门处的流速见表3-14，可看出：口门处流速远远大于建堤前的流速（落潮流流速19cm/s）。

表3-14　口门处的最大涨潮流速和最大落潮流速　（单位：cm/s）

| 水层 | 最大涨潮流速 | | 最大落潮流速 | |
|---|---|---|---|---|
| | 中潮 | 大潮 | 中潮 | 大潮 |
| 表层 | 29 | 51 | 32 | 62 |
| 中层 | 29 | 34 | 27 | 53 |
| 底层 | 22 | 50 | 21 | 38 |

沿岸向东南落潮流的速度大于向西北的涨潮流的速度，沿岸泥沙向东南方向输送。突堤西侧的滩面由于突堤的阻挡汇水，动力增强，使滩面侵蚀。而突堤东侧由于突堤的阻挡，水动力减弱，潮流所携带的泥沙在此落淤。

**二、滩面沉积物的变化反映滩面冲淤的变化**

滩面垂直剖面上，建堤后堤内沉积物以潮滩互层理为特征，说明堤内以潮汐沉积为主，而波浪作用较弱。正由于波浪作用较弱，水平层理、互层层理、脉状层理才得以保存，而以潮汐互层层理为特征。建堤后至1993年9月，突堤内以淤积为主，但淤积速率逐渐减缓。1993年9月口门内100m处（航道东）取样分析，滩面10cm厚的沉积物具有互层层理。沉积物分三层：0～3cm以泥质为主，3～6cm以沙为主，6～10cm以泥质为主或泥质较多。这反映建堤后经历了夏—冬—夏三个半年，对应着细—粗—细的沉积旋回。1994年5月对堤内滩面测量发现，滩面不再淤高，而且有所蚀低，这说明滩面高程已达到临界高度，滩面冲淤达到动态平衡，即一般情况下仅有季节性的冲淤变化：冬季侵蚀，夏季淤积。突堤内航道西侧的滩面高于东侧的滩面，这是由于西堤对较强的偏北风浪，尤其是主波向为N～NNE向风浪的障蔽作用的结果。突堤两侧的冲沟的形成与建堤时挖掘滩面有关，滩面的归槽水对冲沟的形成也起一定的作用。但由于西堤内侧的淤积厚度较大，故沟槽不如其外侧明显。

图 3 - 86 为茅家港附近滩面 1993 年 9 月的柱状剖面分布图，从图中可看出：

第一，茅家港滩面剖面的底部沉积物主要为统一的细沙、粉沙质泥沙，说明茅家港滩面在工程建造以前为细沙粉沙质的沉积物。因为此处为侵蚀性海岸，突堤建造以前的滩面一直处于侵蚀状态，因此整个滩面的泥沙粒径都较粗，细沙、粉沙代表茅家港工程建造前的沉积物粒径。

第二，1、2、3、4、5、6、7 号剖面为紧靠西堤外侧的剖面，它们的底部大多为粉沙和细沙，是建坝前滩面的统一粒径。其中有黏土夹层，是由滩面水动力的季节变化所致，7 号剖面表层有巨厚的黏土层，与堤头深潭水动力较弱有关，落淤泥沙较细。距离西堤较远的 8、9、10、11、13、14、15、16、17、18 号剖面，底部为较粗的粉沙或细沙，个别层有贝壳碎屑，表层为粉沙，泥沙的颗粒较粗，说明西堤外侧的滩面水动力较强，滩面以侵蚀为主。18 号剖面表层有黏土层，是由滩面水动力季节变化所致。

第三，20、21、22、23、24、25、26、27、28、30、31、32 号剖面都在突堤之间，剖面底部大部分为细沙质，上部为巨厚的粉沙淤泥层，口门处个别的剖面表层有薄层的黏土层，是由于滩面水动力在夏季较弱，泥沙落淤形成，但总的淤积厚度口门处的较小，在靠近主海堤的位置黏土层较厚，是由于靠近主海堤滩面水动力较弱。33、36 号剖面底部为无底的细沙或粉沙，是工程前滩面淤积的泥沙，颗粒较粗，表层为黏土层，是工程建成后泥沙落淤形成，由于水动力较弱，落淤的泥沙较细。35 号剖面底部为中沙层，是工程前的泥沙沉积，表层为粉沙，说明工程建成后此处的滩面水动力仍然较强。

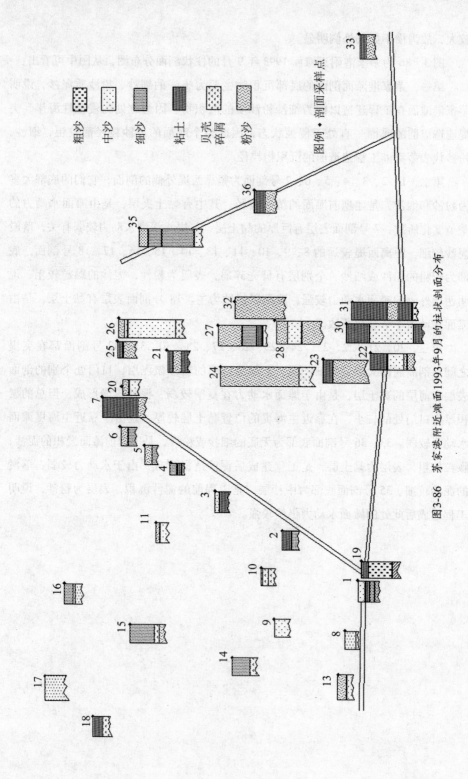

图3-86 茅家港附近滩面1993年9月的柱状剖面分布

图例 ● 剖面采样点

粗沙

中沙

细沙

粘土

贝壳碎屑

粉沙

第四，用柱状图上端有潮汐韵律纹层的厚度验证滩面地形测量结果的准确性。所用的潮汐韵律纹层为到 1993 年 9 月沉积的具有潮汐韵律纹层的沉积层。首先在柱状剖面图上直接量取不同地点滩面潮汐韵律纹层的厚度，然后用 1993 年 9 月地形图上剖面位置的高度减去对应各点 1989 年 7 月的滩面高程，两者相比较，以验证地形测量数据的准确性。所得的结果如表 3－15 所示。从表中可看出，柱状图上量取的厚度都略小于地形测量厚度。这是由于所采的柱状样带回室内后由于泥沙的压实作用和失去部分水分而收缩的原因，故测得滩面淤积厚度略偏小。如果除去泥沙的压实作用和因失水而收缩的减少量，两种测量方法测量的淤积厚度的结果非常接近，从而证明地形测量的结果是准确的。

表 3－15　不同柱状样的淤积厚度（cm）与实际厚度（cm）的比较

| 柱状样编号 | 20 | 21 | 22 | 28 | 30 | 31 | 33 | 36 |
|---|---|---|---|---|---|---|---|---|
| 柱状图的厚度 | 5 | 4 | 10 | 8 | 12 | 18 | 3 | 5 |
| 地形测量厚度 | 6 | 5 | 11 | 9 | 13 | 20 | 5 | 6 |

总之，剖面的上部沉积物代表了茅家港工程建造后的沉积物粒级。西堤外侧的滩面仍为细沙，个别地方为粉沙，泥沙的颗粒较粗，反映水动力较强，该岸段滩面不断被侵蚀；突堤之间的滩面沉积物以粉沙黏土为主，且落淤厚度较大，表明工程建造后，沉积物的颗粒变细，反映了突堤内的滩面水动力变弱，突堤内的滩面不断淤积；突堤东侧的表层滩面沉积物为黏土，说明突堤东侧的滩面沉积物的粒径比工程建造前变细，滩面水动力减弱，东堤外侧的滩面不断淤积。

## 第七节　茅家港岸滩演变的物理模型试验研究

物理模型实验研究是实验地貌学的内容，通过试验可以模拟验证单因素或多因素作用下，某种地貌的发育演化。茅家港岸滩演变物理模型试验研究就是模拟验证高潮位、大风浪条件下，海岸工程影响下茅家港附近滩面的冲淤变化。岸滩变化物理模型试验应该满足波浪运动的相似性，即满足波浪浅水变形、折射、绕射、波浪破碎、波速、水质点运动速度等各方面相似。

试验在室内不太大的试验水池内模拟野外很大的岸滩面积，所取水平比尺一般很小。如果按正态模型设计试验，取垂直比尺等于水平比尺，则波高和底部地形的变化将非常小，很难精确测量。这时往往采用变态模型，即取垂直方向比尺小于水平方向比尺。变态模型的变率一般不宜大于5。

2004年6月20日～7月8日，笔者在南京水利科学研究院河港研究所的试验大厅内进行了物理模型试验，建立了茅家港海域波浪泥沙物理模型，在模型中对N－NNE的主波向，在不同潮位叠加不同波浪条件下，进行了茅家港附近岸滩冲淤试验，验证了茅家港工程影响下，高潮位大风浪条件下滩面的冲淤规律。

## 一、茅家港海域波浪泥沙物理模型设计

### （一）波浪泥沙物理模型的相似要求

物理模型必须满足波浪运动相似和波浪作用下泥沙运动相似的要求。

1. 波浪传播速度相似

在有限水深情况下，波浪传播速度C

$$C = \frac{gT}{2\pi} th \frac{2\pi}{L} h \tag{3-14}$$

式中：$T$—波周期，$h$—水深，$L$—波长。

由式（3-14）可得波速比尺：$\lambda_c = \lambda_T \lambda_{th2\pi h/L}$ （3-15）

显然，为使波速比尺$\lambda_c$不因水深变化而改变，则只有当$\lambda_L = \lambda_h$时才能达到，又因$\lambda_L = \lambda_c \lambda_T$，故可得：$\lambda_c = \lambda_T = \lambda_h^{1/2}$ （3-16）

2. 波动水质点速度相似

波动水质点运动速度相似的条件，可由最大底部轨迹速度推求：

$$Um = \frac{\pi H}{T} \frac{1}{sh\ 2\pi h/L} \tag{3-17}$$

式中：$H$—波高。

相应的比尺关系为：

$$\lambda Um = \frac{\lambda_H}{\lambda_T \lambda sh\ 2\pi h/L} \tag{3-18}$$

同样，为使$\lambda_{Um}$不因水深的变化而改变，也只有取$\lambda_L = \lambda_h$，于是：

$$\lambda_{Um} = \lambda_H / \lambda_h^{1/2} \tag{3-19}$$

当波高比尺$\lambda_H$等于水深比尺$\lambda_h$时，$\lambda_{Um} = \lambda_h^{1/2}$ （3-20）

式（3-16）和式（3-20）表明，当$\lambda_H = \lambda_L = \lambda_h$时（即波浪模型为正态），$\lambda_c$和$\lambda_{Um}$才不因水深变化而改变，且与水流模型中重力相似的结果一致。

3. 折射相似

波浪在传播过程中，由于地形水深变化而产生的折射现象，可由 *Snell* 定律描述：

$$\sin\alpha_1/C_1 = \sin\alpha_2/C_2 = \mathrm{const} \tag{3-21}$$

式中：$\alpha_1$、$C_1$、$\alpha_2$、$C_2$ 分别为两相邻等深线处的波向角和波速。

对式（1-8）取比尺关系，得出：

$$\lambda_{\sin\alpha2/\sin\alpha1} = \lambda_{c2/c1} = 1 \tag{3-22}$$

显然只有在 $\lambda_L = \lambda_h$ 时才能满足波浪折射相似要求。

4. 绕射相似

要满足波浪绕射相似，原型与模型的绕射系数必须相同，即 $\lambda_{kd} = 1$。理论和实践证明，只有模型几何平面比尺和水深比尺与波浪比尺相同，才能完全满足波浪绕射相似。但在泥沙模型中，为使泥沙运动相似，往往模型需做成变态模型。而当模型变率不大时，也可以达到近似的绕射相似。

5. 反射相似

一般也只有在正态模型中才能获得相似。在研究具体问题时，若模型不得已为变态时，围堤则往往做成正态，以保证堤前的波浪反射相似。本试验中，波浪反射作用对滩面的冲刷作用不大。

6. 波浪破碎相似

要取得波浪破碎相似，模型的底坡及波陡均应保持原型值，即采用正态模型。但实际上，还应注意做到原型、模型底摩阻损耗的相似。

7. 波浪泥沙起动相似

由刘家驹泥沙起动波高的计算公式：

$$H_* = M\sqrt{\frac{Lsh2kh}{\pi g}\left(\frac{\rho_s - \rho}{\rho}gd + \frac{0.486}{d}\right)} \tag{3-23}$$

式中 $M = 0.1(L/d)^{1/3}$，$0.486/d$ 表示泥沙间黏着力作用，在沙质海岸可忽略不计，则有：

$$H_* = M\sqrt{\frac{Lsh2kh}{\pi g}\left(\frac{\rho_s - \rho}{\rho}gd\right)} \tag{3-24}$$

可得泥沙粒径比尺：

$$\lambda_d = \lambda_H^6 \lambda_h^{-5} \lambda_{\rho,-\rho}^{-3}/\rho \tag{3-25}$$

8. 冲淤部位相似

由服部昌太朗公式：$C = \dfrac{H_b}{L_0}tg\beta/\dfrac{w}{gT}$ \tag{3-26}

可得：$\lambda_w = \lambda_v \lambda_H / \lambda_L$                                                                                （3 − 27）

当波高比尺与水深比尺相等时，可得满足冲淤部位相似的泥沙沉速比尺：

$\lambda_w = \lambda_v \lambda_h / \lambda_L$                                                                                 （3 − 28）

这与水流条件下悬沙沉降相似比尺要求一致。

破波掀沙相似：在破波区由破碎波引起的平均水体含沙量为：

$$S = K \frac{\rho_s \rho}{\rho_s - \rho} g \frac{Hh^2}{8A} \frac{C\rho h}{W} \cos\alpha_b \tag{3 − 29}$$

式中 $A$ 为破波线内沿岸流的过水断面面积。

即可求得：

$$\lambda_s = \frac{\lambda_\rho s}{\lambda_{\rho s - \rho} \rho_h^{1/2}} \frac{\rho H_2}{\lambda_L \lambda_W} \tag{3 − 30}$$

考虑到$\lambda_w = \lambda_v \lambda_H / \lambda_L$，可得：

$$\lambda_s = \frac{\lambda_{\rho s}}{\lambda} \frac{\lambda_H}{(\rho s - \rho) / \rho \lambda_h} \tag{3 − 31}$$

当$\lambda_H = \lambda_h$时，水体含沙量比尺为：

$$\lambda_s = \frac{\lambda_{\rho s}}{\lambda_{(\rho s - \rho)/\rho}} \tag{3 − 32}$$

这也与水流条件下的含沙量比尺一致。

（10）冲淤时间相似

根据输沙连续方程，可得满足泥沙冲淤时间相似的冲淤时间比尺：

$$\lambda_{t2} = \frac{\lambda_{\gamma 0}}{\lambda_s} \lambda_t \tag{3 − 33}$$

式中$\lambda_t$为水流时间比尺。

（二）模型比尺及模型沙选择

1. 水平比尺

根据模型试验的场地条件及波浪泥沙模型的相似要求，经各方面因素综合考虑，确定模型水平比尺 $\lambda_l = 200$。

2. 垂直比尺

从波浪动力角度，由于吕四茅家港沿岸滩面坡度小于1%，如果用正态模型，将会使试验条件下的水深很小，模型床面底摩阻损耗将使波浪沿程衰减十分迅速，很难保证波浪破碎相似。为此，确定模型垂直比尺$\lambda_h = 100$。模型为变率 2 的小变率模型。

3. 波要素相似

需要强调的是，模型的几何变态（$\lambda_l \neq \lambda_h$）和波浪变态（$\lambda_L \neq \lambda_H$）是不同的概念。为满足波浪运动相似要求，本模型的波浪为正态，波要素比尺为：$\lambda_L = \lambda_h = \lambda_H = 100$，$\lambda_T = \lambda_C = \lambda_h^{1/2} = 10$。

表 3-16　模型主要比尺

| 比尺名称 | 符号 | 计算值 | 采用值 |
|---|---|---|---|
| 水平比尺 | $\lambda_l$ | / | 200 |
| 垂直比尺 | $\lambda_h$ | / | 100 |
| 波长比尺 | $\lambda_L$ | / | 100 |
| 波高比尺 | $\lambda_H$ | / | 100 |
| 波速比尺 | $\lambda_C$ | 10 | 10 |
| 波周期比尺 | $\lambda_T$ | 10 | 10 |
| 轨迹速度比尺 | $\lambda_{Um}$ | 10 | 10 |
| 泥沙颗粒容重比尺 | $\lambda_{ps}$ | / | 1.96 |
| 泥沙干容重比尺 | $\lambda_{ro}$ | / | 1.67 |
| 泥沙粒径比尺 | $\lambda_d$ | 0.95 | 1 |
| 泥沙沉速比尺 | $\lambda_w$ | 5 | 4.71 |

4. 模型沙选择

在模型沙设计时，首先按泥沙起动相似要求，由现场主要研究区域底质中值粒径（0.093mm）计算出不同容重模型沙的粒径。然后根据冲淤部位相似的要求算得沉速比尺 $\lambda_w$，再由原水利电力部规范推荐的泥沙沉速公式（Stokes 公式）计算出对应于不同容重泥沙的对应粒径。最后根据两方面计算结果的比较，确定采用颗粒密实容重 $\gamma_s = 1.35\text{g/cm}^3$、中值粒径为 0.093mm 的煤粉作为模型沙，其干容重约为 0.7g/cm$^3$。

**二、物理模型的建立**

模型布置在长 35m、宽 30m 的试验厅内，模型北边界为小庙洪南水道深槽，南边界为岸线（图 3-87）。动床区范围大小为 8m×5m。

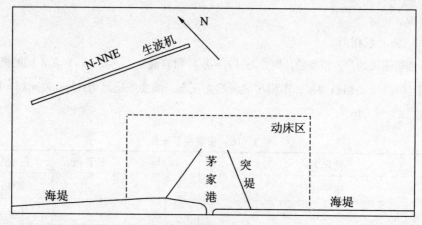

图 3-87 物理模型布置示意

物理模型依据茅家港的自然滩面坡度用比尺换算后制作滩面地形，平面控制误差在 2cm 以内，高程控制误差 1mm 以内。模型中的波浪运动采用推板式造波机，根据试验的要求，造波机布置为 N-NNE 的方向，造波机推波板长度为 13m。

模型中两突堤之间、东西堤外侧的水域即茅家港附近滩面设为动床。在模型制作中，动床区域填充的模型沙为浸水密实后刮制而成。

动床区的冲淤测量，采用断面的形式，断面距离为 50cm（相当于现场 100m），每条断面上的观测点间距为 30cm（相当于现场 60m）。观测点分布如图 3-88 所示。

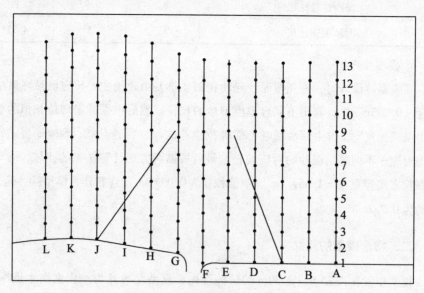

图 3-88 动床区测量点分布示意

### 三、物理模型试验

在物理模型中，对高潮位大风浪造成的茅家港附近海滩冲刷状况进行了验证。模拟验证了平均高潮位（3.9m，吴淞零点）与两年一遇波浪（波高3.0m，周期6.6s）、两年一遇高潮位（6.20m）与两年一遇波浪（波高3.0m，周期6.6s）、50年一遇高潮位（7.96m）与50年一遇波浪（波高3.6m，周期6.65s）、100年一遇高潮位（8.15m）与100年一遇波浪（波高3.77m，周期6.67s）四种条件下，茅家港附近滩面的冲淤变化。上述动力场以及所对应的海滩地形变化为物理模型验证提供了现场资料。试验在茅家港的地形（以统一的坡度布置地形）上进行，动力条件为上述四种条件下的波浪要素，试验中波浪作用的时间以高潮位台风过境时的大浪作用时间（2天）考虑，波浪作用35分钟。试验结果如图3-68至3-71所示。

### 四、试验总结

#### （一）试验结果分析

从物理模型验证的结果看：在高潮位大风浪条件下，工程区以外的整个滩面以侵蚀为主。

1. 在平均高潮位和2年一遇波浪的动力条件下，整个滩面以侵蚀为主。突堤西侧近堤头的滩面被冲刷；突堤东侧近堤角滩面的部分观测点淤积；突堤之间的滩面淤积；口门以外滩面侵蚀；但冲淤的幅度都较小。大部分的滩面侵蚀0~0.5m。

图3-89　茅家港物理模型试验（2年一遇高潮位和2年一遇波浪）

图 3-90 物理模型试验后堤头的滩面冲淤 (2 年一遇高潮位和 2 年一遇波浪)

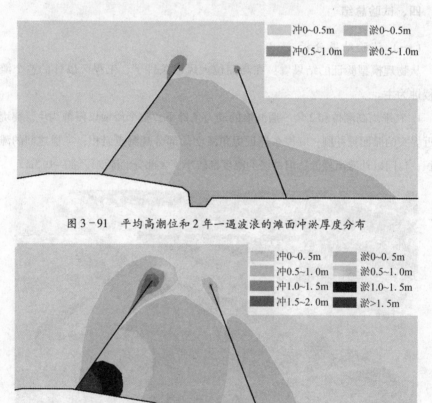

冲 0~0.5m    淤 0~0.5m
冲 0.5~1.0m    淤 0.5~1.0m

图 3-91 平均高潮位和 2 年一遇波浪的滩面冲淤厚度分布

冲 0~0.5m    淤 0~0.5m
冲 0.5~1.0m    淤 0.5~1.0m
冲 1.0~1.5m    淤 1.0~1.5m
冲 1.5~2.0m    淤 >1.5m

图 3-92 2 年一遇高潮位和 2 年一遇波浪的滩面冲淤厚度分布

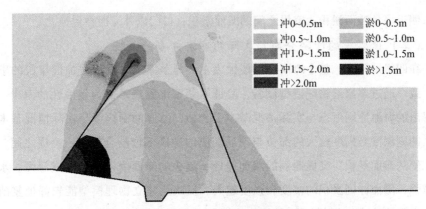

图3-93　50年一遇高潮位和50年一遇波浪的滩面冲淤厚度分布

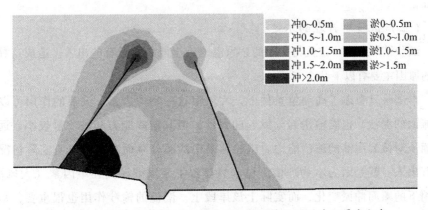

图3-94　100年一遇高潮位和100年一遇波浪的滩面冲淤厚度分布

2. 在2年一遇高潮位和2年一遇波浪的动力条件下，整个滩面仍以侵蚀为主。突堤西侧近堤头滩面被冲刷，冲刷的幅度比前者大，西堤头附近滩面冲刷明显，出现冲刷的深潭；突堤东侧近堤角滩面的部分观测点淤积，淤积的幅度较大；突堤之间淤积明显，淤积的范围比前者多；口门以外以侵蚀为主，侵蚀幅度较大。

3. 在50年一遇高潮位和50年一遇波浪的动力条件下，整个滩面以侵蚀为主。突堤西侧近堤头滩面被冲刷，冲刷的幅度大；突堤东侧近堤角滩面淤积，淤积达0~0.5m；突堤之间大部分滩面淤积，但有小部分滩面冲刷；口门以外以侵蚀为主。

4. 在100年一遇高潮位和100年一遇波浪的动力条件下，由于水动力强，整个滩面以侵蚀为主。堤头附近的滩面冲刷明显，突堤西侧大部分滩面被冲刷；突堤东侧近堤角滩面淤积；突堤之间的滩面淤积；口门以外滩面被侵蚀。

（二）试验中的冲淤分布与实际的冲淤分布的比较

在四组试验中，整个滩面都以侵蚀为主，与茅家港岸段为侵蚀性岸段的事实相一致。通过茅家港物理模型试验，验证了茅家港附近滩面为侵蚀性的海岸。试验得出的海滩冲刷形态与实际情况基本上相似，总体冲刷幅度与实际情况基本一致，冲刷深度与幅度较大的部位与现场观测的冲刷部位吻合较好：突堤之间、突堤东侧的滩面淤积，突堤西侧的滩面侵蚀，堤头的滩面因侵蚀而形成深潭。水动力越强，滩面冲刷淤积的幅度和强度越大。反映所建立物理模型能较好地复演高潮位大风浪造成的茅家港附近滩面的冲刷和淤积。试验结果与实测地形变化相互验证。

（三）试验中存在的不足

试验结果中有些位置与实际的茅家港附近岸滩的冲淤有些出入。造成这种现象的原因主要有以下几个方面：

本试验只考虑了高潮位条件下，大风浪这一动力因素，波浪的作用可以掀起滩面的泥沙，也能输送部分掀起的泥沙，但其输沙能力和输沙量较小，远小于潮流对掀起泥沙的输沙能力。试验结果中的部分滩面冲淤变化与实际情况相比有出入。就是因为本物理模型试验只模拟了茅家港滩面在单因素（大风浪）作用下的滩面冲淤变化，而实际上该岸段上，潮流的输沙作用也很重要，是不可忽视的输沙因素。如果试验中再加上潮流的作用，会得到与实际情况更接近的试验结果，从而也证明了茅家港附近滩面的泥沙有"波浪掀沙，潮流输沙"的运动特点。

潮位与波浪的叠加影响试验结果的准确性。50年一遇高潮位和50年一遇波浪、100年一遇高潮位和100年一遇波浪条件下，波浪动力虽然很强，但因滩面的水深大，波浪对滩面的作用不一定强。若进行2年一遇高潮位和50年一遇波浪、2年一遇高潮位和100年一遇波浪的冲刷试验，滩面冲淤效果会更接近实际情况。

试验中，突堤之间的部分滩面冲刷（西堤内侧的滩面），这与实际突堤之间的滩面普遍淤积的情况不符。原因在于本试验仅模拟了高潮位大风浪条件下的滩面冲淤，波浪从口门进入突堤内部后，能掀起滩面泥沙，在波生流的作用下，带着掀起的泥沙到别处的滩面沉积，故出现滩面冲刷的情况。而实际情况中，波浪、潮流的共同作用下，外侧滩面的泥沙被波浪掀起之后，在潮流的作用下，被带到突堤之间落淤，使突堤之间的滩面普遍淤高。另外，航道淤积的现象也与实际情况不符，这是因为试验中仅模拟波浪的作用，波浪掀起的泥沙在突堤之间的滩面上落淤，而实际情况中，在落潮流的作用下，滩面归槽水的作用使航道被冲刷，航道的深度保持稳定，过往的船只对滩面泥沙的扰动，对航道的维护也起一定的作用。

造成试验的结果与实际的茅家港滩面地形的冲淤有些差别，另一主要原因是实际茅家港滩面的泥沙组成非常复杂，大小不同的粒径都有，实际情况下无论水动力强弱，滩面总有部分泥沙起动并输移；而在物理模型试验中，仅用一种粒径的模型沙进行试验。再就是海岸动力的复杂性决定了试验的地形冲淤与实际的茅家港地形冲淤不可能完全相同，实际情况下，海岸地区的水动力很复杂，包括潮流、大小不同的波浪作用，致使滩面的冲刷非常复杂。试验中，由于概化了这些复杂的因素，而仅模拟了波浪且仅在高潮位条件下的一种情况，滩面的冲刷与实际的情况必然有些出入。

总之，该物理模型较好地反演了茅家港滩面在大风浪条件下的滩面冲淤变化，总的冲淤趋势与实际情况基本符合。因此，物理模型试验是研究海岸滩面地貌变化的有效手段，可模拟验证在单因素或多因素的动力条件下的滩面冲刷。尽管试验因概化了动力因素，使试验结果与实际情况有些差别，但总的变化趋势还是符合实际情况的，验证了滩面在波浪作用下的冲淤规律。

# 小　结

通过对滩面不同部位的剖面比较、数字高程模型的高程累积曲线的统计、冲淤厚度的计算、冲淤厚度频数分布的统计、突堤之间滩面的落淤百分比和淤积速率的计算等研究方法，研究了茅家港双突堤航道防护工程建成之后的滩面冲淤变化。研究发现：工程建成之后，西堤西侧的滩面被侵蚀，突堤之间的滩面被淤积，东堤东侧的滩面被淤积，口门以外的滩面被冲蚀。突堤之间的航道位置和深度稳定，而口门以外的航道仍处于自然摆动状态，航道的位置变动较大。突堤之间的滩面在建坝初期淤积很快，1991 年 11 月 ~ 1992 年 12 月，突堤内落淤百分比为62%，平均淤积速率达 0.008m/月；后来淤积变慢，1992 年 12 月 ~ 1993 年 9 月，突堤内落淤百分比为21.8%，平均淤积速率仅0.004m/月。到1993年9月，滩面冲淤达到平衡状态。

通过物理模型试验模拟反演了高潮位大风浪条件下，茅家港附近滩面的冲淤变化。试验结果基本符合实际的滩面冲淤情况，与现场吻合得较好。但由于对水动力的概化和现场泥沙的复杂性，使试验结果与实际情况有些出入。但物理模型能较好地反演滩面的冲淤变化，是研究岸滩地貌变化的有效方法之一。

# 第四章 离岸堤—丁坝组合工程建造后的岸滩地貌变化

吕四岸段为侵蚀性细沙粉沙质海岸，在自然状况下，滩面的侵蚀严重，对沿岸地区人民的工农业生产和生活构成威胁。为确保沿岸地区人民的生命和财产安全，进行海岸防护是必要的。海岸防护工程的功能主要是防护海滩不被侵蚀、稳定海岸线，以及对海滨的后滨部分或填筑陆域提供保障。吕四岸段有众多的海岸防护工程，茅家港离岸堤—丁坝组合工程是其中的一例。在海岸线外一定距离的海域中建造大致与岸线相平行的防波堤，称为离岸堤，它是建于离岸线较近的浅水海域，以形成对海滩的有效防护的海岸工程。在离岸堤与海岸线间的波浪掩护区内，沿岸输沙能力被减弱；波浪经离岸堤被绕射后，在离岸堤与岸线间的掩护区内波高明显减小。由于离岸堤后波能减弱，促使潮流从上游侧输入的泥沙沉积下来，使离岸堤内的滩面不断淤积，因此可有效地保护海滩免遭海浪的侵蚀，使离岸堤内的岸线逐渐淤积形成突出的沙嘴，岸滩地貌发生变化。茅家港离岸堤—丁坝组合工程建成后，离岸堤内的滩面发生了变化。本章研究离岸堤—丁坝组合工程建成后的滩面淤积变化。

## 第一节 茅家港离岸堤—丁坝组合工程概况

吕四海滩位于长江三角洲北缘，是历史时期长江入海泥沙堆积形成的。该岸段海滩地貌总的特点是平坦而宽阔，潮间浅滩的平均宽度在 5km 左右，岸滩坡度 1‰，沉积物主要为细沙粉沙，滩面上潮水沟纵横交错，而这些潮水沟愈向海愈大，最后汇入深泓。近百年来，由于长江入海泥沙北上数量的减少，岸滩在波浪的冲击下表现出强烈的侵蚀过程。据估计，20 世纪 60 年代前，海岸后退的速度为平均每年10m。20 世纪 60 年代以后，此处开始筑堤防护，以阻止海岸进一步后退。此时岸线的后退虽然被制止，但海滩的下蚀仍在继续，其最大速率为每年10cm。到目前为止，海堤内外滩地的最大高差可达 3m 以上，由于堤前水深增大，风浪对海堤的作用力增大，原有的土堤均被块石保护。1981 年 14 号台风过境时，已做的块石护坡被全部摧毁。国家投资近千万元全面修复，现在存在的加糙混凝土护坡形式的海堤就是台风后修复的，这种形式的海堤能抵御较大风浪的袭击。但海堤前缘海滩的进一步刷深却是无法制止的。

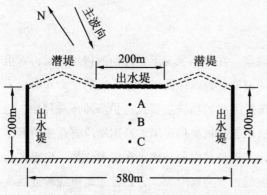

图 4-1 吕四海滩离岸堤—丁坝组合工程示意

前面已经论述，造成吕四海滩侵蚀的动力主要是风浪，而潮流只是加剧了被掀起的泥沙向外海的输送。所以岸滩防护工程主要就是要考虑如何消浪，使所保护的海滩免受侵蚀，并能阻止沿岸水流对泥沙的输送。据此，喻国华教授等提出了采用分离式离岸堤与丁坝相结合的形式进行岸滩保护。茅家港离岸堤促淤工程就是这种海岸防护工程的一例，该工程是在原有两条丁坝的基础上建立起来的，离岸堤和丁坝长度为200m，离岸堤距岸200m，离岸堤和丁坝的高度为高潮大浪能越过，工程于 1984 年 10 月份开始施工，1985 年年初完工。经两年的试验观测证明和现在的测量结果表明：离岸堤—丁坝组合工程的防护效果是好的。离岸堤内的滩面发生明显的淤积。工程的布置如图 4-1 所示。其中离岸堤和丁坝的相对高度为 3m（绝对高程为 3.65m，废黄河零点），高潜堤相对高度为 2m，低潜堤相对高度为 1m。

## 第二节　离岸堤内的淤积分布

图 4-2 中的滩面高程均已换算为吴淞零点高程，高程数据都可以与后来测得的两次高程数据进行对比。由于离岸堤—丁坝组合工程对波浪和潮流进行了有效的阻挡，使工程区内的滩面水动力被减弱，水体所携带的泥沙落淤在滩面上，使滩面被淤高。但泥沙淤积的分布却不是平均的，即有的位置淤积量大，有的淤积量小，甚

至个别位置还有所冲刷。从建坝前后坝内整体变化情况看（图4-2），离岸堤—丁坝组合工程建成两年（到1986年9月）后，整个工程区内普遍淤高约30cm，其中中部出水离岸堤内侧滩面淤积厚度最大达80cm，年均淤积厚度为40cm，而西北部潜堤内侧高程变化幅度小，仅在10cm以内，局部甚至表现为侵蚀，工程区近岸部分和东南潜堤内侧淤积强度相当，淤积量较大，在20~40cm。

在该工程的影响下，高水位时由于丁坝和出水离岸堤仍高出水面，波浪只能通过潜堤进入坝区，而且经过潜堤后波高较大的波浪发生破碎，坝内水动力明显减弱，其中中部出水离岸堤内侧属于波影区，动力环境更弱，因此出现整个坝区的普遍淤积和中部出水离岸堤内侧的高强度淤积。与此同时，由于离岸堤—丁坝组成的"环抱"组合，坝区原有的潮流格局被打破，潮流绕过坝区往复流动。在潮位低于潜堤时坝区内无潮流，在高水位时尽管坝区均在水下，但由于此时潮流流速本身很小，因此坝区因潮汐作用产生的流速很小，只有当大风浪、高潮位同时出现时，由于主波向与主海堤成一定角度，可形成因波浪作用而产生的 NW-SE 向沿岸流，并相应出现同样方向的沿岸输沙，进而造成坝内西北低、东南高的总格局。另外，工程建造之前，滩面就是东南高、西北低，也是工程建

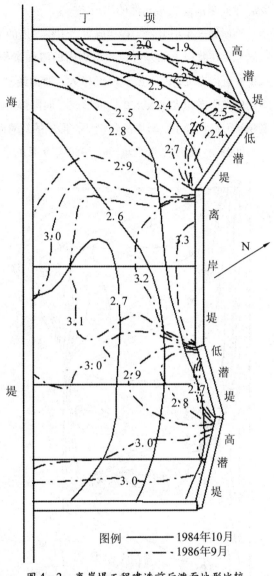

图4-2　离岸堤工程建造前后滩面地形比较

成后滩面东南高、西北低的原因之一。

离岸堤—丁坝组合工程建成后，工程区内的滩面不断淤积，岸滩地貌发生变化。但淤积存在着很大的差异，离岸堤内的滩面淤积明显，淤积的厚度和速度都最大，且越靠近离岸堤，滩面淤积厚度越大，滩面越高，形成了向陆倾斜的新滩面。高潜堤内的滩面淤积也较大，并且也形成了向陆倾斜的新滩面。低潜堤内的滩面虽有所淤积，但淤积量小，滩面高程较低，形成的新滩面也有向陆倾斜的趋势。

2003 年 12 月实测的地形与 1986 年 9 月的地形相比（图4-2，图4-3），靠近离岸堤的滩面高程并无明显变化，只是近岸部分普遍淤高，并且西北低、东南高的格局未发生根本性改变，只是中部出水离岸堤内侧近岸略高于两侧，淤积沙嘴从靠近主海堤和离岸堤内侧的位置同时淤积，滩面地形有形成马鞍形的趋势。这种地形的变化在早期的试验观测时段内没有出现过，这是离岸堤—丁坝组合工程内的滩面达到淤积平衡之后，滩面淤积表现出的新形态特点。

2004 年 7 月的地形比 2003年 12 月的地形又有所淤积。主要原因在冬季（1~2 月）本区域的主波向为 N-NNE，滩面水动力较强，水体的含沙量很大，水体进入到工程区以后，泥沙的落淤量大，滩面淤积的厚度较大。而夏季，水动力较弱，由于此季节吕四海滩普遍淤积，离岸堤内的滩面也有淤积，因此离岸堤内的滩面淤积量的大小与整个

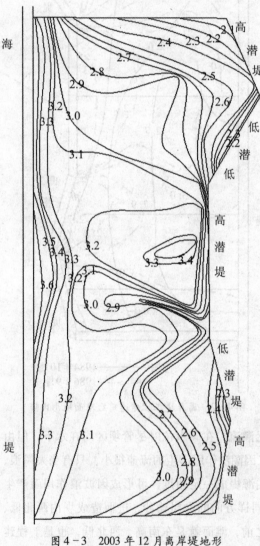

图4-3　2003 年 12 月离岸堤地形

滩面季节性冲淤有关系，即与滩面水动力的季节变化有关。淤积形态中，靠近离岸堤和主海堤的位置滩面淤积明显，滩面高程比 2003 年 12 月的滩面高程明显增加，鞍形的淤积形态更加明显。

## 一、工程区内的滩面淤积分布

离岸堤工程建成后，由于离岸堤对波浪的阻挡，使堤内滩面的水动力减弱，潮流携带的大量泥沙在离岸堤内的滩面上落淤，但滩面的不同位置的落淤的速度和幅度都存在着明显的差异，工程建成后前两年（1984 年 10 月～1986 年 9 月，如图 4-2 所示）和测量结果（2003 年 12 月、2004 年 7 月，如图 4-3，4-4 所示）表明离岸堤—丁坝组合促淤工程所保护的海滩在普遍淤长。离岸堤工程区内淤积的空间变化如下：

（一）纵向上的变化

纵向上的变化是指平行于海岸线的方向上的岸滩地形变化。为了方便研究滩面地形的纵向变化，沿着平行于海岸线的方向做了滩面纵向剖面，剖面位置分别在距岸 0m、75m、190m 的地方。由于中部是离岸堤掩护的位置，离岸堤对波浪的阻挡效果最好，离岸堤内的波浪被有效地减弱，因此离岸堤内的滩面水动力最弱，潮流所携带的波浪从堤外滩面掀起的大量泥沙在离岸堤内的滩面上落淤量最大，所造成的滩面淤

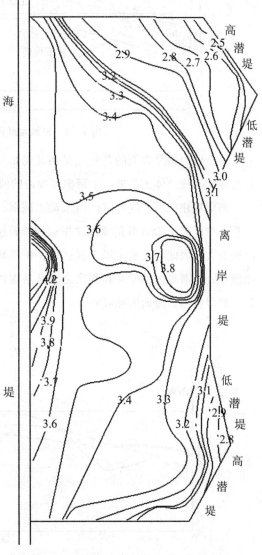

图 4-4 2004 年 7 月茅家港滩面地形

积强度最大。从图4-5中还可看出一旦潮位降低至中段滩面高程，坝田内的水流便分成两股向相反方向流动，即西部滩面的水向西流，东部滩面的水向东流。

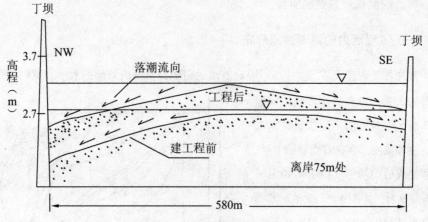

图4-5　淤积在纵向上的变化

工程区内海滩表面的总特点是西北部低于东南部（如图4-6），但东西两部分的滩面高程总体上都低于中部离岸堤内的滩面高程。

离岸堤建成后，堤内滩面因水动力减弱，滩面不断淤积。从等高线纵向变化来看，中段离岸75m处的滩面比岸边的滩面还高，190m处即接近离岸堤，滩面的高程更大。因此，在离岸堤工程区内，中部离岸堤内滩面高度最大，由中间向两侧倾斜，高潜堤内的滩面高程次之，低潜堤内的滩面高程最低。由于滩面不断淤积，离岸堤内新滩面向陆倾斜。

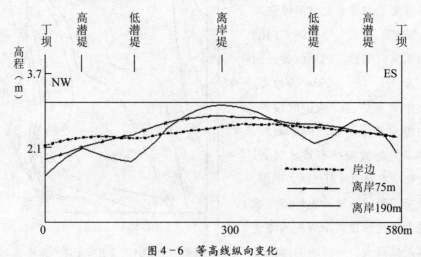

图4-6　等高线纵向变化

（二）横向上的变化

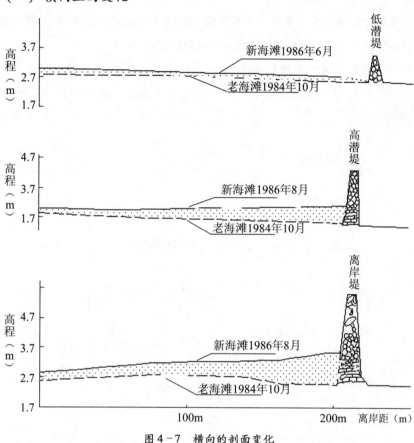

图 4-7　横向的剖面变化

　　横向上的变化是指垂直于海岸线的方向上的岸滩地形变化。为了方便研究工程建造前后滩面地形的横向变化，沿着垂直于海岸线的方向做了滩面横剖面，横剖面的位置分别在离岸堤、高潜堤和低潜堤的中间位置，得到的剖面图如图4-7所示。从图中可看出：工程建成后的 2 年内，低潜堤所对应的断面，在进行试验的两年中平均淤高 15cm，在紧邻低潜堤的背面海滩冲刷成深槽。高潜堤所对应的断面，平均淤高 34cm，由于高潜堤具有较好的消浪性能，在它的背面已产生较好的淤积，最大淤积点淤高达 60cm，岸滩剖面已有向陆倾斜之势。离岸堤所对应的断面，所产生的淤积效果最好，平均淤高 47cm，愈近离岸堤淤积愈佳，最大淤积厚度达 1m，已形成了一个与原始海滩坡向相反的新滩面，即新滩面向陆倾斜。

总之，在 1984 年 10 月～1986 年 9 月进行试验的两年中，不论是从滩面的纵向还是横向的变化来看，工程区内的滩面普遍淤积；离岸堤内的滩面淤积最快，淤积的幅度最大，且都已形成了由海向陆倾斜的新滩面。

为了研究离岸堤—丁坝组合工程区内的滩面不同位置到淤积变化，分别在离岸堤、高潜堤和低潜堤的中央位置取三条横剖面，绘成图 4-8、图 4-9、图 4-10。

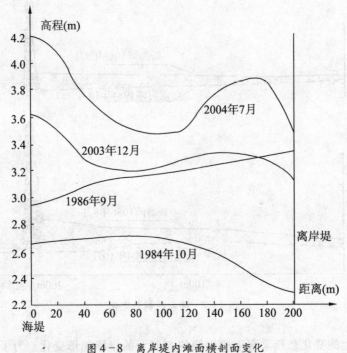

图 4-8　离岸堤内滩面横剖面变化

从离岸堤的横剖面的高程变化来看，建坝之前，滩面为比较平缓的向海倾斜的自然海滩，到 1986 年 9 月，由于离岸堤对波浪的阻挡，泥沙在离岸堤内的波影区内大量淤积，即形成了向陆倾斜的新滩面，滩面平均淤高 50cm，总体上越靠近离岸堤，滩面淤积厚度越大。此时滩面基本接近平衡状态，后来的滩面变化比较小。2003 年 12 月测量的结果与 1986 年 9 月的地形对比来看，间隔 16 年，滩面淤积变化的总量不大，只是靠近主海堤的位置有滩面被淤高的趋势。从 2004 年 7 月的测量结果看，滩面又有一定的淤积，滩面落淤的分布是靠近主海堤落淤量大，同时靠近离岸堤落淤也较多，形成靠近主海堤和靠近离岸堤的滩面都较高的特点。滩面形成鞍形的形态。

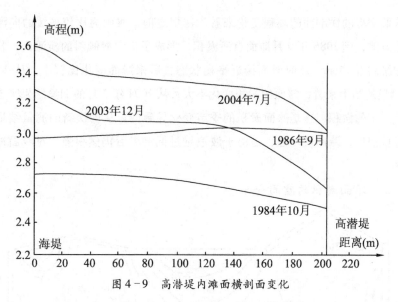

图 4-9  高潜堤内滩面横剖面变化

从高潜堤的横剖面的高程变化来看，建坝之前，滩面为比较平缓的向海倾斜的自然海滩，到 1986 年 9 月，即形成了向陆轻微倾斜的新滩面，且其高度淤高平均 30cm，此时滩面已基本达到平衡状态，后来的滩面变化比较小。从 2003 年 12 月测量的结果来看，滩面的淤积变化仍然不大；从 2004 年 7 月的测量结果来看，滩面又有一定的淤积，这是由滩面淤积的季节性变化导致的。两次测量结果还看出靠近高潜堤，滩面被侵蚀，是由于波浪越过高潜堤后仍然较强，对滩面冲刷形成深槽。

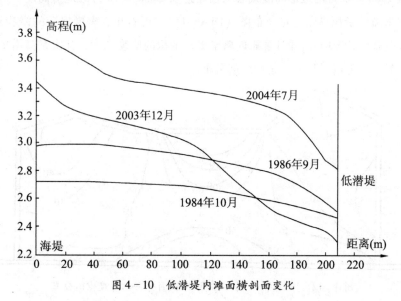

图 4-10  低潜堤内滩面横剖面变化

从低潜堤的横剖面的高程变化来看，建坝之前，滩面为比较平缓的向海倾斜的自然海滩，到 1986 年 9 月滩面有所淤积，形成了仍向海倾斜的新滩面，且其高度平均淤高近 15cm，此时滩面接近平衡状态，后来滩面变化比较小。从 2003 年 12 月测量的结果来看，滩面的淤积变化不大；从 2004 年 7 月的测量结果来看，滩面又有一定的淤积，这是滩面淤积的季节变化导致的。从两次新的测量结果还看出靠近低潜堤，滩面被侵蚀，是由于波浪越过低潜堤后仍然很强，对滩面冲刷形成深槽。

（三）滩面淤积的空间分布

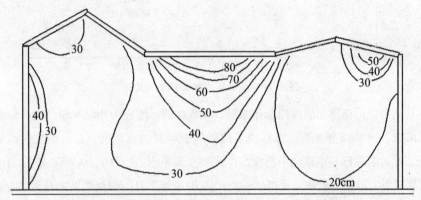

图 4-11　1984 年 10 月~1986 年 9 月等淤积厚度空间分布

用 1986 年 9 月的地形高度减去工程建造前 1984 年 10 月的地形高度，得到工程区内海滩等淤积厚度空间分布图（图 4-11）。可看出：离岸堤后的淤积最佳，淤积厚度最大达 80cm，并且越靠近离岸堤，淤积的厚度越大；其次是高潜堤，淤积厚度较大；低潜堤最差，淤积厚度最小。

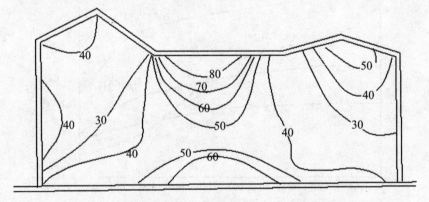

图 4-12　1984 年 10 月~2003 年 12 月等淤积厚度空间分布

　　1984 年 10 月～2003 年 12 月滩面的淤积厚度分布与 1984 年 10 月～1986 年 9
月的淤积厚度分布相比，淤积厚度有所增大，仍然是离岸堤内的滩面淤积厚度最
大，高潜堤内的次之，低潜堤最低。离岸堤内的淤积有从海岸向海淤涨的趋势。
淤积厚度靠近海堤、离岸堤的位置都较大，滩面地形有形成鞍形的趋势。

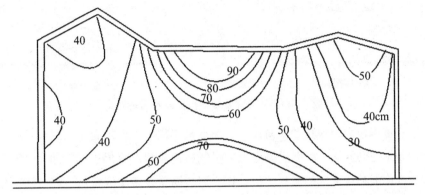

图 4-13　1984 年 10 月～2004 年 7 月等淤积厚度空间分布

　　1984 年 10 月～2004 年 7 月滩面的淤积厚度与 1984 年 10 月～2003 年 12 月滩
面的淤积厚度相比，又有所增加，这与滩面的季节冲淤变化有关。夏季滩面普遍
淤积，使工程区内的滩面淤积明显，离岸堤内的淤积从海岸向海淤长的趋势更明
显，靠近海堤的滩面淤积厚度增加明显。滩面形成鞍形的地形。

## 二、细沙粉沙质海岸与沙质、淤泥质海岸的离岸堤内泥沙淤积分布比较

　　因海岸防护的需要，往往在侵蚀性岸段建造离岸堤。离岸堤工程建成后，
由于离岸堤对波浪的有效阻挡，从而在离岸堤后形成波影区，波高减小，水动
力减弱，致使水流沿岸输沙的能力减小，潮流所携带的泥沙在波影区内落淤，
从而造成离岸堤内滩面淤积，形成淤积沙嘴。不同类型的海岸，形成不同形态
的淤积沙嘴。对于沙质海岸、淤泥质海岸的离岸堤内的淤积形态，现在研究得
已较深入，但对于细沙粉沙质海岸泥沙落淤形成的淤积沙嘴形态目前还没有深
入的研究。

　　（一）淤积形态不同

　　离岸堤建造在不同类型的海岸上，其所造成的泥沙淤积形态存在着明显
不同。

　　淤泥质海岸的离岸堤所造成的淤积沙嘴紧靠离岸堤背后，淤积沙嘴由离岸堤

向陆淤长，形成的滩面与原始的滩面倾斜方向相反，即由海向陆倾斜。而沙质海岸上离岸堤所造成的淤积沙嘴是从岸向海伸展，滩面向海倾斜（图4-14所示）。

图4-14　离岸堤所造成的淤积形态的不同

茅家港岸段为细沙粉沙质海岸，茅家港离岸堤—丁坝组合工程建成后，所造成的淤积形态与沙质、淤泥质海岸上离岸堤所造成的淤积形态都不同。茅家港离岸堤内滩面淤积所形成的淤积沙嘴，在建坝初期紧靠离岸堤背后，泥沙落淤形成的新滩面向陆倾斜，泥沙淤积形态与淤泥质海岸的离岸堤内的泥沙淤积形态相似；后来泥沙落淤到一定程度，滩面淤积达到平衡状态之后，滩面泥沙的淤积是在紧靠主海堤和离岸堤的位置都淤积，即淤积沙嘴由海向陆和由陆向海都淤长，滩面形成鞍形的地形。总的淤积分布如图4-15所示。

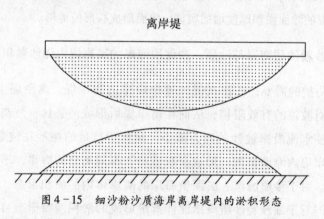

图4-15　细沙粉沙质海岸离岸堤内的淤积形态

（二）原因机制分析

淤泥质、沙质和细沙粉沙质海岸的离岸堤内滩面淤积形态不同，是由不同海岸的泥沙沉积动力不同所造成的。

1. 淤泥质海岸的泥沙淤积

淤泥质海岸的泥沙淤积是以悬沙淤积为主，由于淤泥质海岸滩面的坡度很小，波浪掀起的泥沙在较大范围内的海滩水体中分布，且比较均匀，潮流所携带的波浪掀起的悬浮泥沙只有进入水动力相对较弱处才能落淤。在离岸堤内的滩面上，靠近离岸堤的内部，波浪绕射，由于绕射系数越靠近离岸堤愈小，波高越小，即水动力越弱，所以越靠近离岸堤泥沙落淤越多越快，因此就形成了从离岸堤向陆淤长的淤积沙嘴，形成的新滩面向陆倾斜。

2. 沙质海岸的泥沙淤积

沙质海岸的泥沙淤积是以底沙运动淤积即推移质淤积为主。以波浪作用为主的沙质海岸，海岸滩面坡度大，沿岸泥沙运动集中在靠岸很窄的范围内，潮流和波浪作用下的底沙运动速度较小，且泥沙运动以推移质为主，在波影区内底沙落淤沉降，靠近海岸推移质泥沙首先淤积，形成的泥沙淤积沙嘴从岸边向海淤长。所以就表现出沙质海岸上离岸堤所造成的淤积沙嘴是从岸向海伸展，形成的新滩面与原来的滩面同样向海倾斜。

3. 细沙粉沙质海岸的泥沙淤积

细沙粉沙质海岸，泥沙落淤既有悬沙落淤，又有推移质落淤。工程建成后，泥沙淤积是悬沙落淤，潮流携带的推移质泥沙由于受离岸堤和丁坝的阻挡而不能进入到工程区，而仅有悬移质泥沙才能随潮流进入工程区内，泥沙淤积在离岸堤的波影区内，落淤特点类似淤泥质海岸离岸堤内的泥沙落淤：泥沙紧靠离岸堤落淤形成淤积沙嘴，泥沙淤积形成的滩面与原始滩面倾向相反，即向陆倾斜。但淤积到一定程度后滩面淤积达到平衡状态，滩面的泥沙落淤仍然是悬移质落淤，紧靠离岸堤的位置滩面继续淤积，同时滩面泥沙在波浪的作用下重新被掀起并运动，滩面的泥沙重新调整。波浪传入到工程区后波峰线的变化如图4-16所示，由于在离岸堤后靠近

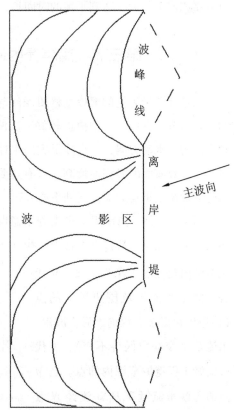

图4-16　离岸堤—丁坝组合工程区内的波峰线变形示意

离岸堤和主海堤都为波影区，因此泥沙重新调整的结果是岸边落淤多，同时有淤积沙嘴从岸向海伸展。形成总的淤积趋势是靠近海堤和离岸堤的滩面都淤高（如图4-15）。

在吕四海岸，组成海滩的物质以粉沙为主，同时也有部分细沙；泥沙运动中既有悬移质又有推移质，悬移质被潮流带到工程区内落淤，在波浪的作用下，重新分选，使滩面表面物质粗化，为细沙，离岸堤背后的波影区内泥沙落淤，滩面淤高（图4-16所示）。波浪的波峰线进入工程区时，由于波浪绕射，波峰线发生变形，在离岸堤的内侧形成波影区，泥沙在波影区内淤积。

离岸堤内绕射系数不同，滩面的淤积厚度不同。绕射系数越大的地方滩面水动力相对越强，滩面达到平衡状态时，滩面淤积厚度较小，达到平衡的时间短，滩面较低。而绕射系数越小的地方滩面水动力相对越弱，滩面达到平衡状态时，滩面淤积厚度较大，达到平衡的时间长，滩面较高。

## 第三节　离岸堤内滩面淤积厚度的计算

以悬沙落淤为主的海岸悬移质泥沙落淤分布的总特点是泥沙淤积在掩护较好的水动力较弱水域。所谓掩护较好，从波浪角度衡量，主要是波高较小，水体紊动强度弱，水动力弱，当含沙量大的水体流经这样水动力较弱水域时，必然发生淤积，导致滩面因淤积而增高，只有达到新的动力平衡后，才停止淤积。可采用简化物理图案来建立泥沙运动平衡方程。

图4-17是一离岸堤促淤工程示意图。在近岸地区，波浪传到岸边时已经过多次折射，波向一般接近垂直于岸线（也有斜交的）向岸运动。假设离岸堤至岸边范围内建堤前水深为常数，$M$ 代表促淤工程掩护范围边界上的点（该边界在促淤工程前、后，波浪、水流及含沙量均保持不变），$N$ 代表促淤工程掩护范围内的点。当 $M$ 点的含沙水流量 $V_1 H_1 S_1$ 流经 $N$ 点时，由于 $N$ 处水域比较平静，从而发生悬沙落淤。其落淤量可用下式

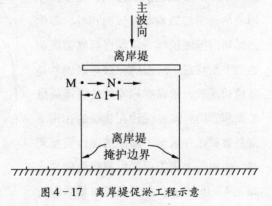

图4-17　离岸堤促淤工程示意

表示（刘家驹，喻国华，1990）：

$$\Delta q = \alpha \frac{\Delta l \omega}{V_2 H_2} (V_1 H_1 S_1 - V_2 H_2 S_2) \qquad (4-1)$$

式中：$\frac{\Delta l \omega}{V_2 H_2}$ – 与泥沙沉降过程有关的比例系数；$V$、$H$、$S$—分别表示流速、水深和含沙量。脚注 1、2 分别表示 $M$、$N$ 两点的值；$\omega$—泥沙絮凝沉降速度；$\Delta l$—$M$ 至 $N$ 的距离；$\alpha$—泥沙沉降几率；$\Delta q$—淤积量。

刘家驹（1990）根据水流连续原理等整理得离岸堤内滩面促淤时间表达式：

$$t_0 = \frac{\gamma_0 (H_1 - H_2) H_1^2}{\gamma_s \varphi h_1^2 \left(1 - \frac{K^2 H_1^2}{H_2^2}\right)} \qquad (4-2)$$

式中：$K$—比波高，即掩护区某点的波高 $h_2$ 与不受工程影响的波高 $h_1$ 之比值。

$$K = \frac{h_2}{h_1} \qquad (4-3)$$

$\varphi$ – 常数，等于 0.00109；$\alpha = 1$；$\gamma_s = 2.650 g/cm^3$；$t_0$—促淤时间，即浅滩水深由 $H_1$ 变为 $H_2$ 所需时间。

对于茅家港离岸堤促淤工程内滩面上：$\gamma_0 = 1750 D_{50}^{0.183} = 1750 \times 0.003^{0.183}$；$H_1 = 1.10m = 110cm$；$\omega = 0.0005m/s$；$h_1 = 0.15m = 15cm$。

离岸堤内 $A$、$B$、$C$ 三点（图 4-1）的比波高 $K$，根据"岛式防波堤不规则波绕射系数的计算方法"计算得：$K_A = 0.35$、$K_B = 0.55$、$K_C = 0.75$。

## 一、不同淤积时间后的滩面水深

将所有已知量带入式（4-2）得到促淤时间 $t_0$ 和促淤厚度的水深 $H_2$ 的关系式，通过试解求得不同促淤时间和不同比波高滩面上淤积后的水深，如表 4-1。

表 4-1　不同比波高的滩面位置淤积后水深 $H_2$（cm）随时间 $t_0$（天）的变化

| 时间 $t_0$ | 40 | 50 | 60 | 80 | 100 | 200 | 300 | 400 | 600 | 800 | 1000 |
|---|---|---|---|---|---|---|---|---|---|---|---|
| $K_A = 0.35$ | 101 | 99 | 96 | 92 | 88 | 72 | 63 | 57 | 48 | 46 | 44 |
| $K_B = 0.55$ | 103.2 | 101.5 | 100.1 | 97 | 94 | 86 | 79 | 75 | 70 | 68 | 66 |
| $K_C = 0.75$ | 105.9 | 104.8 | 104.2 | 102.5 | 102.2 | 96 | 93 | 92 | 88 | 86 | 85 |

## 二、淤积厚度

经计算得不同促淤时间 $t_0$（天）和不同比波高滩面的淤积厚度 $\Delta H = H_1 - H_2$：

表 4 - 2    绕射系数不同淤积厚度 $\Delta H$ （cm） 随时间的变化

| 时间 $t_0$ | 40 | 50 | 60 | 80 | 100 | 200 | 300 | 400 | 600 | 800 | 1000 |
|---|---|---|---|---|---|---|---|---|---|---|---|
| $K_A = 0.35$ | 9.0 | 11 | 14 | 18 | 22 | 38 | 47 | 53 | 62 | 64 | 66 |
| $K_B = 0.55$ | 6.8 | 8.5 | 9.9 | 13 | 16 | 24 | 31 | 35 | 40 | 42 | 44 |
| $K_C = 0.75$ | 4.1 | 5.2 | 5.8 | 7.5 | 7.8 | 14 | 17 | 18 | 22 | 24 | 25 |

根据计算结果绘出离岸堤内滩面淤积厚度 $\Delta H$ （cm） 与淤积历时 $t_0$ （天） 的关系曲线如图 4 - 18 所示。

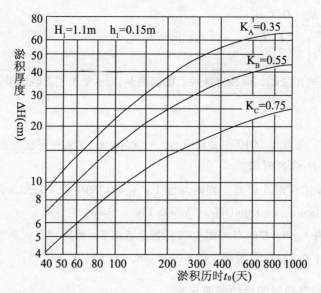

图 4 - 18    离岸堤内滩面淤积厚度 $\Delta H$ （cm） 与淤积历时 $t_0$ （天） 的关系曲线

## 三、最终促淤厚度

所谓最终促淤厚度就是促淤时间 $t_0 \to \infty$ 时的滩面淤积厚度。由公式 （4 - 2），当 $t_0 \to \infty$ ，有：

$$1 - \frac{K^2 H_1^2}{H_2^2} \to 0 \tag{4 - 4}$$

因此，$H_2 = KH_1$           （4 - 5）

也就是说，当促淤时间很长时，滩面经过淤积后的水深 $H_2$ 等于促淤前水深 $H_1$ 乘以比波高 $K$。因此，达到最终促淤厚度后的滩面水深 $H_2$ 和最终促淤厚度的计算结果如下：

表 4-3　达到最终促淤厚度后的滩面水深 $H_2$ 和最终促淤厚度

| 比波高 | 达到最终淤积厚度后的滩面水深 $H_2$（cm） | 最终淤积厚度（cm） |
|---|---|---|
| $K_A = 0.35$ | 38.5 | 71.5 |
| $K_B = 0.55$ | 60.5 | 49.5 |
| $K_C = 0.75$ | 82.5 | 27.5 |

通过计算结果可看出：按淤泥质海岸计算，促淤时间为 1000 天（接近 3 年），滩面的淤积厚度就接近最终淤积厚度。以后的淤积速度逐渐减慢，最终达到最终淤积厚度，滩面达到平衡状态，滩面就不再继续大幅度淤积，滩面泥沙仅在波浪的作用下做调整，离岸堤内的滩面有小幅度的淤积。

另外，根据式（4-5），比波高越大的位置，达到平衡后的滩面平均水深 $H_2$ 越大，最终达到平衡所需要的时间越短，即绕射系数越大的位置，滩面达到平衡的时间越短。

## 四、滩面淤积趋势分析

从图 4-18 中看出：对于不同比波高的 $\Delta H \sim t_0$ 关系曲线，相同的淤积时间，比波高（绕射系数）越小的位置（A 点），滩面的淤积厚度越大。这是因为绕射系数越小的地方，滩面的波高越小，波浪被离岸堤阻挡减弱更明显，水动力越弱，在潮流携带泥沙量相同的情况下，自然在水动力弱的位置落淤量多，滩面淤长快，故淤积厚度大。相反，相同的淤积时间，绕射系数越大的位置（C 点），滩面的淤积厚度越小。这是因为绕射系数越大的地方，滩面的波高越大，波浪被离岸堤阻挡减弱不明显，水动力强，在潮流携带泥沙相同的情况下，自然在水动力强的位置落淤量少，滩面淤长慢，故淤积厚度小。

对于同一条 $\Delta H \sim t_0$ 关系曲线，绕射系数不变，即表示滩面上同一地点不同的促淤时间的淤积状况。一开始滩面的淤积速度较大，但随着时间的推移，滩面的淤积厚度逐渐减小，即随着时间的推移滩面淤积速率逐渐减小，这说明滩面淤积正逐步接近平衡状态。促淤时间达到 1000 多天（相当于促淤 3 年）后滩面淤积接近平衡状态，即使促淤时间再延长，淤积厚度也不会增大太多了。工程建设后的淤长情况也证明了这一点。观测的结果显示，建坝 2 年后，滩面高程已接近平衡状态。

而实际上到 2003 年 12 月和 2004 年 7 月淤积厚度（图 4-12、图 4-13）已超出计算的最终淤积厚度。这是因为上面的最终淤积厚度是按侵蚀性海岸计算的，而吕四海岸近几年普遍淤积是工程区内淤积的主要原因。走访当地渔民得知：吕四海滩在七年前，平均半个月内有 2~3 天不上水，现在平均半个月内有 6~7 天不上水，此现象说明吕四近岸海滩近年来在普遍淤高。另外，计算中概化了水动力，而实际上水动力是非常复杂的，再加上泥沙粒径也非常复杂，致使实际的淤积厚度大于计算的最终淤积厚度。

### 五、计算结果与实测结果的比较

工程区内 A、B、C 三点实测结果在两年时间内分别淤积了 80cm、55cm、40cm，而计算值分别为 64cm、42cm、24cm，计算最终淤积厚度为 71.5cm、49.5cm、27.5cm。理论计算和实际的测量结果都表明：越靠近离岸堤的位置，绕射系数越小的位置，滩面淤积厚度越大。

但实际的淤积厚度大于计算的厚度，2003 年和 2004 年的测量结果表明：在离岸堤内的滩面上 A、B、C 三点的淤积厚度，比用刘家驹促淤时间公式计算的最终淤积厚度要大。这与数值计算中对海岸带的复杂水动力和泥沙组成的概化有关，因此计算结果与实测资料有所出入也符合实际情况。不过通过计算得到的离岸堤内的淤积厚度以及所反映出的淤积趋势与实际情况相符，说明该公式对计算离岸堤内的滩面淤积变化和淤积趋势是适用的。

## 第四节　垂直剖面上孢粉、粒度和磁化率的变化

泥沙在滩面上沉积的过程中，各种沉积物不断被埋藏在滩面以下，因此潮滩的垂直剖面上就保留了大量当时的沉积信息。其中不同种类植物孢粉数量的变化，也反映了沉积的季节变化。粒度、磁化率的变化反应了沉积环境中的水动力强弱变化。利用这些沉积物的信息，可以估算滩面沉积剖面上，不同时期的沉积厚度和沉积速率，以研究滩面淤积的趋势。

### 一、季节性潮滩沉积的孢粉判别

潮滩沉积物孢粉中，孢子个体数百分含量在全年只有一个峰值，峰值出现在冬季（11~1 月），可以用作冬季潮滩沉积的标志。木本花粉种类百分比在春末夏

初（4～7月）出现全年中的最高含量，可以作为春末夏初潮滩沉积的标志。无论在种属百分比，还是在个体百分比中，草本含量的最大值，均出现在秋季，可作为秋季潮滩沉积的标志。松粉优势度在秋季，冬季出现高含量，而在春、夏季含量较低，也可作为季节性沉积的判别标志。如果从多指标组合特征来判别季节性潮滩沉积，那么判别标志更可靠。表4-4列出了季节性潮滩沉积的判别标志。

**表4-4 季节性潮滩沉积的孢粉判别标志**

| 季节 | 木本种类百分比 | 草本种类百分比 | 草本个体百分比 | 孢子个体百分比 | 松粉占木本百分比 |
|------|------|------|------|------|------|
| 春季 | 最高值 | | | | 较低 |
| 夏季 | | | | | 较低 |
| 秋季 | 最低值 | 最高值 | 最高值 | | 最高 |
| 冬季 | | | | 最高值 | 较高 |

## 二、离岸堤内的垂直剖面上粒度、磁化率与孢粉的变化

1984年10月至1985年初，在茅家港附近建造了离岸堤—潜堤—丁坝组合工程，进行工程实验。此后，对工程区冲淤效果进行了历时两年的观测，到1986年9月结束。观测结果表明，工程建造后，工程区内尤其是离岸堤背后（向岸侧），开始淤高很快，淤积速率逐渐减小。但何时达到平衡，滩面淤积的趋势如何，由于此后没有连续的观测，难以回答。1994年5月课题组在工程区内最高处（当时已淤高至高于平均大潮高潮位的高度，已生长了大米草，基本上处于平衡状态）采集了柱状样，进行了粒度、磁化率及孢粉的分析研究，分析研究的结果如图4-20所示。

（一）粒度和磁化率的变化

所采的离岸堤内滩面柱状岩芯长130cm（图4-19），下部13cm（深度130～117cm）为分选较好、较均一的细细砂，平均粒径

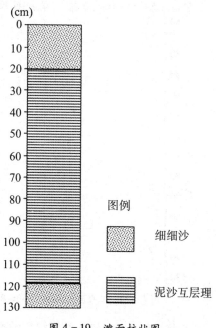

图4-19 滩面柱状图

图例

细细沙

泥沙互层理

4.5～4.7 φ，这一层为工程建造前的滩面自然淤积层。在117cm埋深处粒径突然变细，平均粒径为5.5～6.5 φ，并且水平砂泥互层层理比较明显，反映了离岸堤工程建造后波浪作用被减弱，潮流所挟带的细粒泥沙在水动力较弱的工程区内大量沉降，即细粒泥沙在坝田内（离岸堤背后）快速淤积，并使砂泥互层层理保存下来。因此，工程建造后，至1994年5月，坝田内共淤积了117cm。

离岸堤工程区内垂直剖面上，沉积物的粒度、磁化率与孢粉在剖面上的分布如图4-20所示。其垂直分布特征是：粒度和磁化率表现出大小变化，且都呈现出3～4个大小变化旋回。反映了滩面沉积的季节变化，整个剖面（117cm）为3～4年形成的。即工程建造后的3～4年内，滩面迅速淤积并达到平衡状态。表层20cm的沉积物粒径较粗，平均粒径4.5～5.0 φ，接近于建坝前的滩面的粒径，但又与20～117cm之间水平互层层理的细粒沉积有明显的区别。表明坝田内滩面淤高已接近平衡状态，表层粗化的沉积物是平衡状态下，波浪对泥沙再分选的产物。因此，坝田内（离岸堤后的工程区内）在工程建造后，由于工程对波浪的屏蔽作用，由侵蚀环境转变为淤积环境，但经过三、四年的淤积，滩面已经淤高至一定高度，达到了平衡状态。

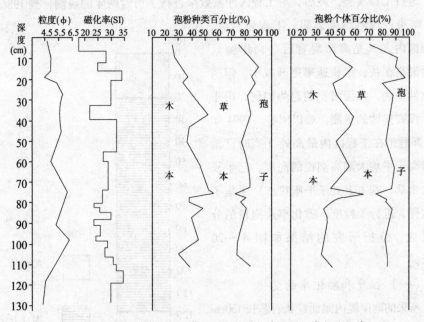

图4-20 工程区内1984～1994年间沉积物的粒度、磁化率与孢粉特征图

磁化率变化也反映出滩面沉积的季节变化，但磁化率与粒度的变化并不是正

相关关系，而恰恰是呈负相关关系。这也说明了在水动力强的季节，滩面沉积物粒度较粗，以铁磁性矿物为代表的重矿物含量较高，故磁化率较大。

（二）孢粉的分布特征

对剖面上的孢粉进行分析，结果表明：木本种类数占孢粉种类数的百分比也呈现出 3~4 个高低变化旋回，草本孢粉的变化也大致如此。也反映了这 117cm 厚的沉积物是工程建筑后 3~4 年形成的。根据孢粉反映出的年度旋回（季节变化）估算出工程建造后沉积速率的变化（如表 4-5）。由表 4-5 不难看出，工程建造后，坝田内（离岸堤后）淤积速率开始很大、很快，此后逐渐变小，滩面淤积逐渐达到平衡状态。

表 4-5　工程建造后离岸堤后沉积速率的变化

|  | 1985 年 | 1986 年 | 1987 年 | 1988~1994 |
|---|---|---|---|---|
| 旋回埋深（cm） | 117~77 | 77~40 | 40~20 | 20~0 |
| 沉积厚度（cm） | 40 | 37 | 20 | 20 |
| 沉积速率（cm/a） | 40 | 37 | 20 | 3.3 |

工程建造后，南京水利科学研究院喻国华教授等曾利用标志桩对工程区内的淤积状况进行了两年的观测。观测的结果表明：离岸堤内，在我们采样点附近，在最初的两年时间里（1984 年 10 月~1986 年 9 月 29 日），淤高 80cm 左右。与利用孢粉估算出的淤积厚度两年 77cm（第一年 40cm，第二年 37cm）的结果非常接近。利用孢粉指标来判别季节性潮滩沉积和实际的观测都表明：滩面沉积速率开始很快，但后来逐渐变慢；滩面淤积 3~4 年达到平衡状态。

利用孢粉可以判别以细沙、粉砂、泥为主的潮滩沉积季节性，并估算滩面的沉积厚度和沉积速率。用孢粉准确反映出茅家港离岸堤内滩面的沉积特征：建坝后初期，滩面的沉积速率很快，随着时间的推移，滩面尽管继续沉积，但沉积的速率却在逐渐减慢，滩面淤积 3~4 年达到平衡状态。

## 第五节　离岸堤内滩面淤积的原因分析

吕四海滩泥沙的动态特征是一有风浪，就易于掀动海底泥沙；没有风浪，潮流一般不能带动底沙的运动。被风浪掀起的泥沙，又易于在潮流作用下输送，泥沙运动主要以悬沙为主。潮流从外海向岸传播时，潮流携带波浪掀起的大量泥沙进入离岸堤内的滩面，水动力减弱，大量的悬浮泥沙落淤在滩面上，造成离岸堤内滩面淤积。

吕四海区的主波向为 N – NNE，波浪从堤外传入到坝田时，是从西北部进入坝田内，波浪掀起泥沙在波浪产生的沿岸流的作用下，向东南方向移动，致使坝田的西北部位有些侵蚀，滩面的东南部分淤积较厚，滩面较高。

## 一、泥沙运动

吕四海滩泥沙主要为细沙粉沙质，而且比较均匀。离岸堤工程区内的泥沙平均粒径为 0.03mm。这种泥沙在波浪和水流的作用下，它的运动状态如何，对分析本地区的淤积规律是有重要意义的。可以借用前人对波浪掀沙的研究以及水流对泥沙起动问题的研究来判断吕四海滩泥沙的动态特征。

早在 20 世纪 60 年代，刘家驹就对波流作用下的泥沙运动起动水深进行过研究，得到泥沙起动水深的判别式：

$$h_0 = \frac{\lambda}{4\pi} arcsh \left[ \frac{\pi g H^2}{M^2 \lambda \left( \frac{\rho_s - \rho}{\rho} gd + A_2 \frac{\varepsilon_K}{d} \right)} \right] \qquad (4-6)$$

式中：$h_0$ 为泥沙起动水深；$\lambda$ 为浅水波长；$H$ 为浅水波高；$d$ 为泥沙粒径；$A_2 = \frac{\alpha_4 \beta_4}{\alpha_1 \beta_3}$，$\alpha_4 = \pi/32$，$\beta_4 = 2/3$，$\alpha_1 = \pi/6$，$\beta_3 = \pi/3$，

$\varepsilon_K = \omega/\rho = 2.56 cm^3/s^2$，$\varepsilon$ 为粘着力参数，$M$ 是一系数，与 $(d/\lambda)^{1/2}$ 有关，可查表，此处取 4，$h_0$ 为起动水深。

通过对吕四离岸堤现场资料的计算，得出了吕四海岸的泥沙起动曲线（图 4-17）曲线为 $d_m = 0.03mm$ 泥沙在波浪作用下的起动水深，"×"点为现场实测水深。说明离岸堤—丁坝组合工程区内滩面泥沙在波浪作用下是易于被掀动的。

在没有波浪作用时，潮流是否能带动海滩泥沙运动？泥沙起动可用式（2-1）判断。

南京水利科学研究院通过对茅家港离岸堤滩面现场泥沙的计算，得出了泥沙起动流速（Uc）与水深的关系图（图 4-22），曲线为粒径 0.03mm 泥沙起动的临界线，曲线以上表明泥沙能起动，曲线以下泥沙不能起动。"×"点为现场的实测值。这说明潮流是不易把底部中值粒径为 0.03mm 的泥沙带动的。

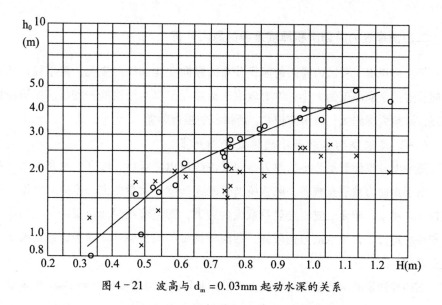

图 4 - 21　波高与 $d_m = 0.03mm$ 起动水深的关系

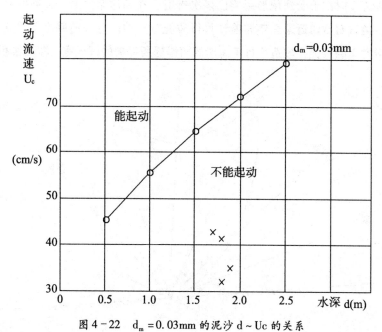

图 4 - 22　$d_m = 0.03mm$ 的泥沙 $d \sim U_c$ 的关系

## 二、离岸堤内滩面淤积厚度差异的原因分析

综合离岸堤工程区内滩面的淤积分布的纵向变化和横向变化，离岸堤内滩面不同位置的淤积厚度的大小，主要取决于离岸堤工程对波浪掩护程度。波浪掩护越好，淤积强度越大；波浪掩护差，所淤积的强度就差。

### （一）波浪绕射系数越小的位置淤积越多

滩面上波浪绕射系数小的地方，即波浪绕过离岸堤后，波高减小幅度大的地方，由于水动力被明显减弱，潮流所携带的泥沙就会大量落淤，造成滩面淤积幅度较大。相反，滩面上波浪绕射系数大的地方，即波浪绕过离岸堤后，波高减小幅度小的地方，由于水动力仍较强，潮流所携带的泥沙就落淤较少，造成滩面淤积幅度较小。

细沙粉沙质海滩的岸滩坡度极为平缓，如吕四海滩坡度就不到1‰。波浪从外海传播到近岸时由于受到地形影响已多次折射，在到达岸边时，波峰线基本上与岸平行。通过对吕四近岸全年波能计算得波能分布图。主波向基本与岸正交，防止波浪对海岸的侵蚀，建造平行于海岸的离岸堤所保护的岸线宽，滩面淤积量大。

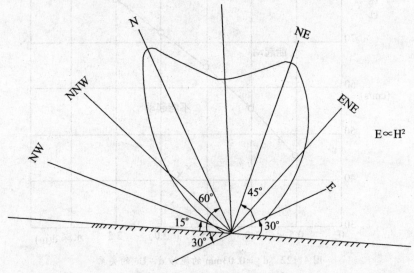

图 4-23　吕四海滩的波能分布

图4-24中，$h_i$为某点不同时间的淤积厚度；$h_a$为平均高潮位，$h_b$为某点的原始滩面高程、$ka$为波浪绕射系数。从图中可看出：波浪掩护得越好，淤积的强度越大，波浪掩护差，淤积强度就差。还看出，工程建成后半年内，所掩护区海滩

淤积速率最快，最大达每月4cm。然后，这一速度逐渐减缓，最后海滩达到平衡，达到平衡所需要时间随不同地区绕射强度不同而不同，绕射系数越大的位置，滩面淤积达到平衡的时间越短。因绕射系数越大的位置滩面淤积厚度小，淤积量小，达到平衡时的时间就短。

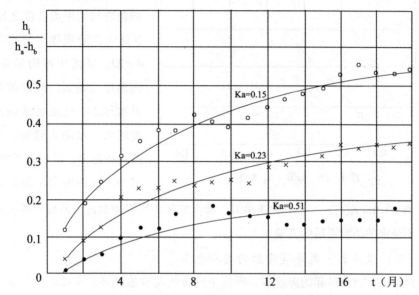

图 4-24　绕射系数不同淤积强度随时间的变化
（图中所用的绕射系数是现场实测资料计算的结果）

从表4-5中也明显看出：随着时间的推移，离岸堤内的滩面淤积的速率逐渐减小。用孢粉变化推断的沉积速率和用绕射系数推断的沉积速率的变化趋势是一致的，并且与实际测量的滩面淤积厚度的结果一致。

（二）滩面的淤积取决于离岸堤离岸的距离与离岸堤长度之比

离岸堤到岸边的距离与离岸堤长度之比越小，离岸堤对波浪的阻挡作用越强，离岸堤后的波高越小，水动力越弱，潮流携带的泥沙落淤越多，因此淤积效果越好；反之，离岸堤到岸边的距离与离岸堤长度之比越大，离岸堤对波浪的阻挡作用越弱，离岸堤后的波高越大，水动力越强，潮流携带的泥沙落淤越少，因此淤积效果就越差。物理模型试验表明，当堤后的距离大于堤长的6倍时，由于堤后有足够的绕射波浪能量，堤后就不产生淤积现象。茅家港离岸堤—丁坝组合工程中堤后的距离是离岸堤长度的1倍，离岸堤内的滩面普遍淤积，淤积效果好。

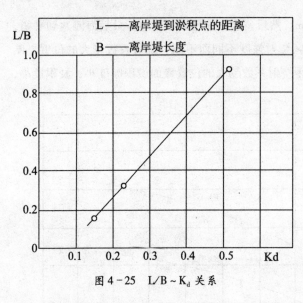

图 4-25   L/B ~ $K_d$ 关系

距淤积点的位置离离岸堤的距离与离岸堤长度之比 L/B 越小，淤积效果越好。反之淤积点的位置离离岸堤的距离与离岸堤长度之比 L/B 越大，淤积效果越差如图 4-22。从图中可明显看出，离离岸堤越近，滩面的绕射系数越小，波浪被减弱的幅度越大，水动力越弱，泥沙落淤就越多，淤积效果越好。另外，吕四的离岸堤的堤顶高程为 +3.6m 左右。一旦有大风浪时，海水能从离岸堤顶翻过，使堤后的波浪比一般不越水的防波堤后的波浪要大。

（三）风浪大，离岸堤背后的淤积也多

风浪大，波浪掀起的泥沙多，潮流中携带的泥沙量就多，在离岸堤后水动力较弱处，潮流所携带的泥沙的落淤量就多，滩面淤高较快。相反，风浪小，波浪掀起的泥沙少，潮流中携带的泥沙量就少，在离岸堤后水动力较弱处，潮流所携带的泥沙的落淤量就少，滩面淤高较慢。

1986 年 15 号台风前后，南京水利科学院的喻国华教授等对离岸堤背后 $k_d$ = 0.15 的滩面沉积量进行了观测。结果表明，台风过后，该处的泥沙沉积数量是平常天气条件下的五倍。这说明离岸堤外的海滩在大冲时，离岸堤背后有大淤的特点，因为在大风浪时，滩面被波浪掀起的泥沙多，潮流所携带的泥沙多，在水动力较弱的离岸堤内的滩面落淤的泥沙量大。反映了茅家港离岸堤—丁坝组合工程区内滩面为悬沙淤积的特点。

**三、离岸堤内滩面新淤积形态变化的原因**

在工程建造初期，由于工程区内受离岸堤、丁坝的共同阻挡，潮流所携带的推移质泥沙不能进入工程区内，仅波浪掀起的悬移质泥沙进入工程区内，在离岸堤内的波影区内落淤，形成的淤积沙嘴紧靠离岸堤淤积，淤积形态近似于淤泥质海岸上离岸堤内的泥沙落淤形态。滩面淤积到一定高度，达到平衡状态后，滩面泥沙在波浪的作用下重新调整。在平均潮位时，离岸堤和丁坝仍在水面以上，而高潜堤和低潜堤在水面以下，波浪从高低潜堤的位置进入离岸堤—丁坝组合工程区内，由于波浪受到绕射，波峰线发生变形（如图 4-16 所示），在离岸堤内的滩面上靠近离岸堤和主海堤的位置都形成波影区，水动力较弱，滩面早已落淤的泥沙在波浪的作用下，又重新运动，滩面泥沙重新调整，在波影区内又落淤，形成了靠近主海堤和离岸堤都落淤的淤积形式。沙嘴从海向陆和由主海堤向海同时淤长，滩面形成鞍形地形。

# 小　结

离岸堤—丁坝组合工程建成后，工程区内由于离岸堤对波浪的阻挡，使离岸堤内滩面的水动力明显减小，堤内滩面由原来的冲刷变为淤积，泥沙的落淤在紧靠离岸堤的背后最大，向岸减小，形成了与原始滩面倾斜方向相反的新滩面。滩面淤积到动态平衡之后，滩面泥沙在波浪作用下，以推移质形式运动，使离岸堤内的滩面泥沙重新调整，形成靠近主海堤和离岸堤的滩面都淤积的新淤积形态。离岸堤内的滩面因淤积而形成鞍形的地形。这种淤积形态明显不同于沙质海岸、淤泥质海岸的离岸堤内的淤积形态。

1994 年 5 月采的离岸堤内的滩面垂直剖面上，粒度、磁化率和孢粉都表现出 3~4 个大小不同的变化旋回，表明离岸堤内的滩面在工程建造后的 3~4 年就达到了淤积平衡。滩面的淤积计算表明：滩面淤积在工程建成后的初期淤积较快，3~4 年达到平衡状态。波浪作用使滩面泥沙运动重新调整，波影区的滩面继续有所淤高。

2003 年 12 月、2004 年 7 月的两次实测结果都表明：离岸堤内的滩面淤积厚度都大于淤积计算的结果。这是由实际的海岸水动力复杂，而淤积计算模型中概化了动力条件，再加上实际泥沙的组成复杂，计算中只用中值粒径 0.03mm 计算，结果与实际有些出入。

# 第五章 结论与讨论

本书在分析了江苏海岸特点的前提下，从分析吕四海岸的背景特点入手，以茅家港岸段的双突堤工程和离岸堤保滩促淤工程为研究对象，通过对茅家港岸段多次的野外观测、滩面地形测量以及对采集样品的粒度、磁化率、孢粉等的室内测量分析，采用水动力学、泥沙动力学、沉积学、地貌学相结合，以及宏观与微观相结合的方法，运用现代 GIS 技术，以定性与定量相结合的研究手段和方法，综合分析了侵蚀性细沙粉沙质海岸工程影响下的岸滩地貌变化。

在研究手段上充分地考虑了地学研究中综合性较强的特点，吸收相关学科的研究方法，进行了由宏观到微观、由定性到定量地研究探索，做到从理论和方法上有所创新，为今后其他地区的侵蚀性细沙粉沙质海岸的防护、航道维护等海岸工程的论证与建设提供了科学依据。本研究成功地运用剖面比较方法、数字高程模型的计算分析法、粒度分析、磁化率分析和孢粉分析等方法，研究茅家港滩面的冲淤变化，不仅直接、形象地反映出茅家港滩面不同时间段、不同位置的冲淤变化，而且计算出茅家港滩面不同时间段、不同位置的冲淤变化量，客观准确。几种方法相互补充，相互验证，科学合理地反演了茅家港工程建设后滩面的冲淤变化。

茅家港航道防护工程建成后，有效地保护了堤内的入海航道，航道的位置和深度保持相对稳定。离岸堤促淤工程建成后，堤内滩面由侵蚀变为淤积，离岸堤起到了保滩促淤的作用，堤内滩面淤积明显，近期滩面又有新的淤积形态。

## 第一节 主要结论及创新点

### 一、主要结论

通过对茅家港工程建成后附近滩面的冲淤变化的研究，研究探索海岸工程影

响下海岸地貌的变化规律。得出的主要结论有:

（一）侵蚀性细沙粉沙质海岸工程建成后，岸滩地貌发生明显的冲淤变化

茅家港双突堤航道防护工程建成后，滩面不同位置发生了明显的冲淤变化，改变了茅家港附近滩面的地貌格局：堤内滩面以淤积为主，到1993年9月滩面淤积达到平衡；而口门处、堤头两侧及堤头外300m范围内的滩面被侵蚀；东堤外侧滩面处于淤积状态，滩面被淤高；西堤外侧滩面处于侵蚀状态，滩面逐渐降低。滩面达到平衡之后，滩面不同位置的冲淤变化是由区域性动力因素变化引起的，但滩面变化的总趋势是逐渐达到平衡状态。

由此可见，工程建设引起的潮滩地貌变化具有一定的时空尺度。就茅家港突堤航道防护工程而言，从时间尺度看工程建设引起的潮滩冲淤变化可在2～3年内达到平衡；从空间尺度看，这种影响仅限于工程区前沿约300m和两侧约500m的范围内。

（二）茅家港工程附近滩面冲淤变化存在着明显的季节变化，淤积形态特殊

茅家港滩面在自然条件下和工程影响下的冲淤变化，都有春、夏季节滩面淤积，秋冬季节滩面冲蚀的季节变化规律。细沙粉沙质海岸的突堤的冲淤分布为：突堤的上游侵蚀、下游淤积，不同于沙质海岸离岸堤内的泥沙冲淤分布。

（三）突堤之间不同时段，淤积速率不同

经计算：1991年11月～1992年12月，突堤内落淤百分比为62%，平均淤积速率达0.008m/月；1992年12月～1993年9月，突堤内落淤百分比为21.8%，平均淤积速率仅0.004m/月。滩面在建坝初期淤积较快，以后随着时间的延续，到1993年9月（工程建成后2年）冲淤逐渐达到平衡状态。达到平衡状态后滩面不同位置仍有冲淤变化，这种冲淤变化是由滩面水动力季节变化引起的。

（四）离岸堤—丁坝组合工程区内的淤积有明显的差异

离岸堤促淤工程的建成，使离岸堤内的滩面出现了明显的淤积。离岸堤所产生的淤积效果最佳，淤积的速度最快、幅度最大并形成了与原始滩面倾斜方向相反即向陆倾斜的新滩面；其次是高潜堤，淤积的速度较快、幅度较大并且也形成了与原始滩面倾斜方向相反即向陆倾斜的新滩面；低潜堤最差，淤积的速度最慢，幅度最小。

（五）离岸堤内滩面有特殊的淤积形态

离岸堤促淤工程建成后，离岸堤内比波高越小的位置，波浪被减弱得越多，

水动力越弱，滩面落淤越快，落淤厚度越大；相反，则滩面落淤厚度越小。研究发现：细沙粉沙质海岸的离岸堤内滩面的淤积分布与淤泥质海岸、沙质海岸的分布都不同，淤积沙嘴开始是紧靠离岸堤的背后，后来又从海堤向海、从离岸堤向陆同时淤长，形成鞍形的滩面地形。

滩面淤积计算的结果和利用粒度、磁化率和孢粉研究的结果都表明：离岸堤内的滩面淤积在建堤后 3~4 年内就达到平衡状态，以后即使淤积时间再延长，滩面变化已不再受到工程建设的强烈影响，而表现为与区域泥沙动力环境变化引起的整个海岸淤蚀动态一致，即达到平衡状态。

（六）滩面粒度、磁化率和孢粉变化与滩面淤蚀动态的一致性

茅家港突堤内外滩面，随着离岸距离的增加，沉积物的粒度逐渐变粗，磁化率增大；突堤之间滩面沉积物的粒度比突堤外的细，磁化率比突堤外的小，反映了突堤内的水动力比突堤外的弱。离岸堤内的滩面柱状图的粒度、孢粉和磁化率的分布和变化都表现出 3~4 个旋回，这证明：离岸堤建成后，3~4 年滩面达到平衡状态。

## 二、研究特色及创新点

人类活动对地貌过程的影响在某些情况下已超过自然本身。人类不仅已经成为一种地质因素，甚至在有些方面已超过了自然因素。本研究就是在分析吕四海岸背景的基础上，进一步研究在侵蚀性细沙粉沙质海岸上，建造防淤减淤类工程和防冲促淤类工程后，滩面地貌的冲淤变化，即研究工程建设对原有海岸淤蚀动态的改变。与其他相关研究相比，本书的研究具有如下特点：

（一）对细沙粉沙质海岸工程影响下的岸滩演变进行了研究

以往对海岸地貌的研究主要强调海岸演变的自然过程，以及工程影响下沙质海岸、淤泥质海岸的岸滩演变，而细沙粉沙质海岸工程影响下的岸滩演变以及岸滩自然演变与工程影响下演变的对比方面，尚无深入系统的研究。本文以茅家港附近岸段为例，将细沙粉沙质海岸岸滩自然演变规律和工程建设后地貌变化相结合，分析研究了海岸工程建设对岸滩地貌演变的影响。

（二）将 GIS 技术手段应用于细沙粉沙质海岸岸滩地貌演变的研究

本研究中应用 GIS 方法，将不同时期的地形图进行数字化并形成数字高程模型（DEM），用 DEM 定量研究滩面的冲淤变化量和冲淤变化趋势，并通过滩面落淤百分比的计算和平均高程的计算研究突堤之间滩面地形的变化趋势。

从研究结果看，本研究具有如下创新点：

1. 茅家港物理模型试验与岸滩地貌实际变化的相互验证

物理模型试验一般是通过试验研究预测工程建设后岸滩的冲淤变化，而实测资料由于时间间隔较大，难以准确反演地貌变化过程。本研究通过对工程建设前后地貌变化趋势分析，结合物理模型试验研究，实现了模型试验结果与地貌实际变化的相互验证。研究发现，物理模型试验结论与工程建设后地貌实际变化情况基本吻合，但由模型试验中对水动力和模型沙进行了一定的概化，而实际海岸泥沙和动力环境相对复杂，致使模型中的滩面冲淤与实际的滩面冲淤有部分出入。但物理模型试验较好地反演了茅家港滩面地形的变化，物理模型试验是研究滩面地形变化的有效方法。

2. 海岸工程建设后，细沙粉沙质岸滩冲淤规律不同于沙质、淤泥质海岸

对茅家港航道防护工程和离岸堤—丁坝组合防冲促淤工程建设前后的地貌整体变化分析可以看出，原本强烈侵蚀的细沙粉沙质海岸在工程建设后由于局部动力泥沙环境改变，短期内造成了岸滩局部的大冲大淤——动力环境减弱的区域由侵蚀变为淤积而动力环境加强的区域侵蚀加剧，这种冲淤动态在工程建设后逐渐减缓，并在 2~3 年后达到相对稳定的动态平衡。其最终冲淤形态与沙质海岸和淤泥质海岸均有所差别，即研究区突堤的上游滩面冲刷、下游滩面淤积，而在沙质海岸的冲淤趋势恰好相反；离岸堤内的淤积沙嘴开始紧靠离岸堤的背后并向岸发展，随后出现由岸向海发育的淤积沙嘴，最后形成鞍形的岸滩地形。细沙粉沙质海岸离岸堤工程建设后，出现这两种发育方向截然相反的淤积形态，这是一种不同于淤泥质海岸和沙质海岸离岸堤建造后的新淤积形态。

3. 本研究综合运用多种研究方法，不同研究方法得出的结论得到相互验证

论文应用新的 DEM 技术对工程建设前后不同时段地貌变化进行定量计算，同时用数值计算、物理模型试验和滩面沉积物粒度、磁化率和孢粉分布和变化的分析等方法，对工程建设前后岸滩地貌变化过程进行反演，得出工程建设后地貌变化过程和趋势与实测结果相一致的结论。

# 第二节 讨论与展望

本书以江苏吕四海岸的茅家港岸段为海岸工程地貌的研究对象，分析了吕四

海岸的环境背景；通过对茅家港附近滩面地形的多次现场观测，结合前人的研究成果，运用海岸动力学、泥沙动力学，沉积学和地貌学的知识，对江苏吕四海岸的茅家港岸段在海岸工程影响下的海岸地貌变化作了较为系统的分析研究，得出侵蚀性细沙粉沙质海岸工程地貌演化的规律，从而为侵蚀性细沙粉沙质海岸防护和航道维护的研究积累了一些基本素材，并为其他侵蚀性细沙粉沙质海岸防护和航道维护提供科学依据。通过该项研究，作者认为以下两个方面的问题仍需进一步做研究工作：

**一、与相同条件下的其他地区海岸工程地貌的比较研究需进一步加强**

就茅家港岸段而言，进行海岸工程地貌的研究虽然具有代表性，但由于地理环境的复杂性和区域的差异性，各地区海岸的泥沙特点、动力条件等往往有所不同，加强不同地区海岸工程地貌的比较研究，有利于扩大海岸工程地貌的研究范围和应用范围，可为更有效地利用和保护更大范围内的滩涂资源提供科学依据。作者正主持的山东省自然基金项目"工程影响下的粉沙质海岸环境演变及岸滩防护模式研究"，以东营港为例研究工程影响下的粉沙质海岸环境演变。课题结题后，可进行相同条件下的海岸工程地貌的比较研究。

**二、关于应进一步加强用动力模型研究、预测海岸工程地貌演化趋势的研究**

对海岸工程影响下的岸滩地貌变化进行研究和预测，可为海岸保护和航道防护提供科学依据。依据水动力条件、泥沙特性，建立动力模型，可更科学地预测滩面的变化趋势，提高滩面变化预测的准确性，这方面的研究需进一步加强。数字高程模型的正确运用，可为动力模型的建立提供先进的手段，提高模型预测的准确性。因此，数字高程模型与动力模型相结合是海岸工程地貌研究的新方向。

# 参考文献

[1] Archer, A. W, et al. Analysis of modern equatorial tidal periodicities as a test of information encoded in ancient tidal rhythmites. In: Clastic Tidal Sedimentology, D. G. Smith, G. E. Reinson, B. A. Zaitlin and R. A. Rahmani (eds.) [J]. Canadian Society of Petroleum Geologists, Memoir, 1990. 16 (1): 189-196.

[2] Bagnold RA. Beach Formation by Waves: Somg Model Experiments in a Wave Tank [J]. Inst. Civil Engineering, 1940. (1): 191-196.

[3] Bagnold RA. Motion of Wave in Shallow Water Interaction between Waves and Sand Bottom. Proc. Roy. Soc., Seca, 1946. 87(1): 129-136.

[4] Barnes, Trevor J. Placing ideas: genius loci, heterotopia and geography's quantitative revolution, Progress in Human Geography. 2004, 28(5):565-596.

[5] Blott, Simon J; Pye, Kenneth. Morphological and Sedimentological Changes on Artificially Nourished Beach, Lincolnshire, UK. Winter 2004. 20(1): 214-234.

[6] Bodge K R. Representing equilibrium beach profile with an exponential expression[J]. Coastal. Res, 1992,(8): 47-55.

[7] Brock, John C.; Krabill, William B.; Sallenger, Asbury H. Barrier Island Morphodynamic Classification Based on Lidar Metrics for North Assateague Island, Maryland, Journal of Coastal Research, 2004, 20(2): 489-500.

[8] Byrnes, et al. Physical Biological Effects of Sand Mining Offshore Alabama, U. S. A[J]. Journal of Coastal Research, Winter2004, 20(1): 6-25.

[9] Collins, M. B. Est. Coastal Mar[J]. Sci., 1976, 4(2): 46-57.

[10] Dally W R, Dean R G. Wave height variation across beaches of arbitrary profile[J]. Geol. Res., 1985, 90(6):11917-11927.

[11] Dean R G. Equilibrim beach profile: Characteristics and application[J]. Coastal. Res,1991,(7):53-84.

[12] Dollar, Evan S. Fluvial geomorphology[J]. Progress in Physical Geography. 2004, 28(3): 405-471.

[13] Finkl, Charles W, Leaky Valves in Littoral Sediment Budgets: Loss of Nearshore Sand to Deep Offshore Zone via Chutes in Barrier Reef Systems, Southeast Coast of Flnrida, USA[J]. Spring2004, 20(2): 605-612.

[14] Finkl, Charles W. Coastal Classification: Systematic Approaches to Consider in the Development of a Comprehensive Scheme[J]. Journal of Coastal Research, Winter2004, 20(1): 166-174.

[15] Finkl, Charles W. et al. Coupling Geological Concepts with Historical Data Sets in a MIS Framework to Prospect for Beach – Compatible Sands on the Inner Continental Shelf: Experience on Eastern Texas Gulf Coast[J]. Journal of Coastal Research, Spring 2004 , 20(2) : 196-214.

[16] Hallermeier R J. A profile zonation for seasonal sand beachs from wave climate[J]. Coastal Eng. , 1981,6(4):253-277.

[17] Hitoshi Tanaka and Nobuo Shuto, Sand Movement due to Wave-Current Combined Motion[J]. Coastal Engineering in Japan, 1984,27(3):179-191.

[18] Inman D L, Elwany H S, Jenkins S A. Shorerise and bar-berm profile on ocean beach[J]. Geol. Res. , 1993, 98(10):181-199.

[19] Ip K l. Victoria Harbou, Western Harbour and North Lantau Water. In: Coastal Infrastucture Development in Hong Kong[R]. Civil Engineering office, Civil Engineering Department, Hong Kong Government. , 1996, 9 (10):33-66.

[20] Ishihara T and Sawaragi T. Fundamental Studies of Sand Drift[J]. Coastal Engineering in Japan 1962,5(1):122-135.

[21] Jonsson IG. Wave Boundary Layers and Friction Factuies[J]. Proceeding 10th Conference Coastal Engineering, 1967,6 (3): 127-148.

[22] Kamphuis JW. Alongshore Sedinent Tansport Rate Distributions Proc[J]. Coastal Sediments'91 Seattle ASCE, 1991,6 (2): 170-183.

[23] Komar P D and Miller M C. Sediment Threshold under Oscillorory Waves, Proceed-

ing 14th Conferende Coasral Engineering, 1975(3): 756-775.

[24] Komar P D, McDougal W G. The analysis of exponential beach profiles[J]. Coastal Res. 1994, 10 (1): 59-69.

[25] Kyung Duck Suh. Review of transformation of wave spectra due to depth and current[J]. The journal of Korea Society of Coastal and Ocean Engineering, 1992. 4 (4): 225-230.

[26] Larson M, Kraus N C, Wise R A. Equilibrium beach profiles under breaking and non-breaking waves[J]. Coastal Engineering, 1999, 3 (6): 59-85.

[27] Lee G, Nicholls R J, Birkmeier W Aet al. A conceptual fairweather-storm model of beach nearshore profile evolution at Duck, North Carolina, U. S. A[J]. Coastal. Res. 1995,11(4): 1 157-1166.

[28] Leo C Van Ran and Aart Kroon. Sediment Transport by Currents and Waves[J]. Coastal Engineering, 1992,11(4): 2613-2628.

[29] Madsen O S and Grant W D. Quantitative Description of Sediment Transport by Waves[J]. Proceeding of the 15th International Conference on Coastal Engineering, 1976,9(3): 127-184.

[30] Madsen O S and Grant W D. Sediment Transport in the Coastal Environment[J]. Coastal Engineering, 1976. 36-53.

[31] Madsen O S. Mechanics of cohesionless sediment transport in coastal waters[C]. Proceedings of Coastal Sediments 1991, 7(2): 15-27.

[32] Madsen O S. Sediment transport on the shelf[C]. Sediment Transport Workshop DRP TA1 [C]. Coastal Engineering Research Center, Vicksburg, MS. 1993, 7 (2): 14-23.

[33] Manohar M. Mechanjics of Bottom sediment Movement due to Wave Action, Tech. Men. 75 U.S. Beach Erosion Board, 1995, 6(3): 16-26.

[34] McDougal W G, Hudspeth M K. Longshore sediment transport on on non-planar beaches[J]. Coastal Engineering, 1983, 7(2):119-131.

[35] Mcdougal W G, Hudspeth M K. Wave setup/setdown and longshore current on non-planar beaches[J]. Coastal Engineering, 1983, 7(1):103-117.

[36] Mu óz-Pérez J J, Tejedor L, Medina R. Equilibrium beach profile model for reef-

protect beaches[J]. Coastal Res. , 1999, 15(4):950-957.

[37] Nairn, Rob. et al. A Biological and Physical Monitoring Program to Evaluate Long-term Impacts from Sand Dredging Operations in the United States Outer Shelf[J]. Journal of Coastal Research, Winter2004, 20(1): 126-138.

[38] Neumeier, Urs; Ciavola, Paolo. Flow Resistance and Associated Sedimentary in a Spartina maritime Salt-Marsh[J]. Journal of Coastal Research, 2004, 20(2):435-448.

[39] D. G. Smith,G. E. Reinson, B. A. Zaitlin and R. A. Rahmani (eds.). On mud flats in the macrotidal Cobequid Bay-Salmon River estuary, Bay of Fundy, Canada[J]. In: Clastic Tidal Sedimentology, Canadian Society of Petroleum Geologists,1990, Memoir 16(1): 137-160.

[40] Park Y. A. et al. , Tidal lamination and facies development in the macrotidal flats of Namyang Bay, west coast of Korea[J]. Spec. Publs. Sediment, 1995.24(2):183-191.

[41] Perlier G, Hansen E A, Villarel C, Deigaard R and Fredspe J. Sediment Transport over Pipple in Wave and Current [J]. Coastal Engineering, 1994, 4 (2): 2043-2057.

[42] Reineck H. E. Layered sediments of tidal flats, beaches, and shelf bottoms of the North Sea[J]. In: Estuaries(H Lauff,ed. ) , 1967, 2(1):190-206.

[43] Robert B N and Howard N S. Deterministe Profile Modeling of Nearshore Processes Part 2, Sedment Transport and Beach Profile Development[J]. Coastal Engineering, 1993, 9(1):57-96.

[44] Ronald L. Martino and Dewey D. Sanderson. Fourier and autocorrelation analysis of estuarine tidal rhythmites, lower breathitt formation(Pennsylvanian), eastern Kentucky, USA[J]. Journal of Sedimentary Petrology, 1993, 63 (1): 105-119.

[45] Shinohara K, Tsubaki T, Yoshitaka M and AgemoriC. Sand Transport along a Model Sandy Beach by Wave Action [J]. Coastal Engineering in Japan, 1985, 1 (1): 10-19.

[46] Shore Protection Manul. Coastal Egingerring Research center, U. S. Army Corps of Engineers Vicksburg,1984, 4(1): 101-109.

[47] Short, Andrew D; Trembanis, Arthur C. Decadal Scale Patterms in Beach Os-cillstion and Rolation Narrabeen Beach, Australia-Time Series, PCA and Wavelet Analysis [J]. Journal of Coastal Research, 2004, 20(2): 523-533.

[48] Stephenson, Wayne J. et al, Coastal geomorphology into the twenty-first century [J]. Journal of Coastal Research, Dec2003. 27(4): 607-624.

[49] Sunamura T. Quantitative predictions of beachface slopes [J]. Gelolgcal Society of American Bulletin, 1984,9 (5):242-261.

[50] Tessier, B., et al. Comparison of ancient rhythmites (Carboniferous of Kansas and Indiana, USA) with modern analogues (the Bay of Mont-Saint-Michel,France) [J]. Spec. Publs. Ass. Sediment. 1995.2(4): 259-271.

[51] Thom, Bruce. Geography, planning and the law: a coastal perspedtive [J]. Aus-tralian Geographer, Mar 2004. 35(1):3-17.

[52] Uwe Hentschke and Doris Milkert. Power spectrum analyses of storm layers in ma-rine silty sediments: a tool for a Paleoclimatic reconstruction? [J]. Journal of Coastal Research, 1996. 12 (4): 898-906.

[53] Walden A. T. et al. An Alternative approach to the Joint Probability Method for Ex-treme High Sea Level Computations [J]. Coastal Engineering, 1982, 6(1):71-82.

[54] Walsh, K. J. E. et al, Using sea Level Rise Projections for Urban Planning in Aus-tralia[J]. Journal of Coastal Research, Spring2004,20(2):586-599.

[55] Wang P, Davis R A. A beach profile for a barred coast case study from Sand Key, West-central Florida [J]. Coastal Res., 1998, 14(3): 981-991.

[56] Wang,X. Y, et al. Grain-size characteristics of the extant tidal flat sediments along the Jiangsu coast, China[J]. Sedimentary Geology, 1997. 11(2): 105-122.

[57] Williams, G. E. Upper Proterozoic tidal rhythmites, South Australia: sedimentary features,deposition, and implications for the earth's paleorotation[J]. In: Clastic Tidal Sedimentology, D. G. Smith,G. E. Reinson, B. A. Zaitlin and R. A. Rahmani (eds.). Canadian Society of Petroleum Geologists, 1990, 16(1): 161-178.

[58] 曹祖德,侯志强,孔令双. 粉沙质海岸开敞航道回淤计算的统计概化模型 [J]. 水道港口,2002,23(4): 253-258.

[59] 曹祖德, 焦桂英, 赵冲久. 粉沙质海岸泥沙运动和淤积分析计算[J]. 海洋工

程,2004,22(1):59-65.

[60] 曹祖德,焦桂英. 粉沙质海岸泥沙运动推悬比的确定[J]. 水道港口,2003,13 (1):12-15.

[61] 曹祖德,孔令双,李炎保. 粉沙质海岸的工程泥沙问题[J]. 水道港口,2004, 25 增:26-30.

[62] 曹祖德,杨树森,杨华. 粉沙质海岸的界定及其泥沙运动特点[J]. 水运工程, 2003,352(5):1-4.

[63] 曹祖德,孔令双,焦桂英. 波、流共同作用下的泥沙起动[J]. 海洋学报,2003 (3):113-119.

[64] 常瑞芳. 海岸工程环境[M]. 青岛:青岛海洋大学出版社,1997.

[65] 陈才俊. 江苏淤长型泥质潮滩的剖面发育[J]. 海洋与湖沼.1991,22(4):360- 367.

[66] 陈才俊. 围滩造田与淤泥质潮滩的发育[J]. 海洋通报,1990,9:3.

[67] 陈昌明、汪寿松. 潮汐沉积作用与响应模式[J]. 地质科学.1988,(4): 357-366.

[68] 陈吉余,王宝灿,刘苍字,海岸地貌,中国自然地理(地貌)[M].北京:科学出版 社,1980,313-349.

[69] 陈吉余. 海塘——中国海岸变迁和海塘工程[M]. 北京:人民出版社,2000,11- 27.

[70] 陈士荫,顾家龙,吴宋仁。海岸动力学[M]. 北京:人民交通出版社,1988.

[71] 陈卫跃. 潮滩泥沙输移及沉积动力环境——以杭州湾北岸、长江口南岸部分潮 滩为例[J]. 海洋学报,1991,13(6):813-821.

[72] 冯金良. 人类工程活动对秦皇岛海滩侵蚀及淤积的影响[J]. 海岸工程, 1997,(3):42-46.

[73] 韩其为. 泥沙起动规律及起动流速[J]. 泥沙研究,1982,2(2):11-26.

[74] 贺松林主编. 海岸工程与环境概论[M]. 北京:海洋出版社,2003.

[75] 胡世雄,王珂. 现代地貌学的发展与思考[J]. 地学前缘(中国地质大学,北 京),2000(增):67-78.

[76] 黄西和、王根发. 古代潮汐沉积物的新判据——潮汐周期层序[J]. 沉积学报, 1987,5(2):39-44.

［77］金德生主编. 地貌过程实验模拟研究若干问题,地貌过程与环境［M］. 北京:
地震出版社,1993.

［78］金德生主编. 地貌试验与模拟［M］. 北京:地震出版社,1995.

［79］金庆祥等. 应用经验特征函数分析杭州湾北岸金汇港泥质潮滩随时间的波动［J］.
海洋学报,1988,10(3):327-333.

［80］柯马尔 PD,邱建立等译. 海滩过程与沉积作用［M］. 北京:海洋出版社,1985:
219-246.

［81］孔令双,曹祖德,李炎保. 粉沙质海岸建港的若干泥沙问题［J］. 中国港湾建
设,2004,3:24-27.

［82］孔令双,曹祖德,焦桂英等. 波、流共存时的床面剪切力和泥沙运动［J］. 水动
力学研究与进展,2003(1):93-97.

［83］李从先等. 淤泥质海岸潮间浅滩的形成和演变［J］. 山东海洋学院学报,1965,
2:21-31.

［84］李铁松、李从先. 潮坪沉积与事件［J］. 科学通报,1993,38(19):1778-1781.

［85］李炎. 杭州湾南岸潮滩的 210Pb 分布及其沉积学意义［J］. 东海海洋,1993,11
(1):34-43.

［86］李炎等. 浙江象山大目涂淤泥质潮滩发育的周期性［J］. 海洋学报,1987,9
(6):725-734.

［87］李志林,朱庆. 数字高程模型［M］. 武汉:武汉测绘科技大学出版社,2000.

［88］梁必骐等. 中国自然灾害及其影响的研究［J］. 自然灾害学报,1995,4(1).

［89］凌申. 历史时期江苏古海塘的修筑及演变［M］. 中国历史地理论丛,2002(4):
45-54.

［90］刘家驹,喻国华. 淤泥质海岸保滩促淤计算及预报［J］. 海洋工程,1990,8
(2):51-59.

［91］刘家驹,喻国华. 海岸工程泥沙的研究和应用［J］. 水利水运科学研究,1995,
No.3.

［92］刘家驹. 海岸泥沙运动与岸滩演变［R］. 南京水利科学院报告,1997.

［93］刘家驹. 淤泥质海岸和港池淤积计算［J］,全国水运工程标准技术委员会系列
文献(1990).

［94］刘杏玲,赵焕庭,郑德廷,欧兴进,陈欣树. 深圳湾的演变与开发利用［J］. 热

带海洋,1988,(1):48-55.

[95] 陆培东,杨健,丁家洪. 海南省东水港建港工程地貌研究[J]. 南京师大学报（自然科学版）,1996(2):77-84.

[96] 罗刚,杨希宏. 粉沙质海岸港口口门位置的选择[J]. 中国港湾建设,2003,3(1):10-13.

[97] 罗章仁. 香港填海造地及其影响分析[J]. 地理学报.1997,52:220-227.

[98] 潘少明,施晓冬,王建业等,围海造地工程对香港维多利亚港现代沉积作用的影响[J]. 沉积学报,2000(1):22-28.

[99] 钱宁,万兆惠. 泥沙运动力学[M]. 科学出版社,1983.

[100] 任美锷,张忍顺、杨巨海. 江苏王港地区淤泥质潮滩的沉积作用[J]. 海洋通报,1984,3(1):40-52.

[101] 任美锷. 中国淤泥质潮滩沉积研究的若干问题[J]. 热带海洋,1985,4(2):6-13.

[102] 森黔溯. 粉沙质与淤泥质浅滩在风浪和水流作用下的挟沙能力[J]. 港工技术,1996,1:8-14.

[103] 邵虚生、严钦尚. 上海潮坪沉积[J]. 地理学报,1982,37(3):241-249.

[104] 时钟等. 中国淤泥质潮滩沉积研究的进展[J]. 地球科学进展,1996,11(6):555-561.

[105] 宋立松. 钱塘江河口围垦回淤过程预测探讨[J]. 泥沙研究,1999,(3):74-79.

[106] 孙连成. 塘沽围海造陆工程对周边泥沙环境影响的研究[J]. 水运工程,2003,(3):1-5.

[107] 孙林云,潘军宁,邢复,刘家驹. 砂质海岸突堤式建筑物下游岸线变形数学模型[J]. 海洋学报,2001,(5):121-129.

[108] 孙林云,刘家驹. 沙质海岸突堤式建筑物上游岸线演变计算及预报[C]. 第七届全国海岸工程学术讨论会论文集. 北京:海洋出版社,1993.690-702.

[109] 汤国安,陈正江,赵牡丹等. Arc View 地理信息系统空间分析方法[M]. 北京:科学出版社,2002.

[110] 汤国安,赵牡丹. 地理信息系统[M]. 北京:科学出版社,2000.

[111] 王成环. 工程动态效应对粉沙质泥沙运动的影响[J]. 港工技术,1996,3:10-15.

[112] 王建,刘泽纯等.磁化率与粒度、矿物的关系及其古环境意义[J]. 地理学报,1996,51(2):155-163.

[113] 王建,闾国年等.江苏岸外潮流沙脊群形成的过程与机制[J].南京师大学报,1998,21(3):95-108.

[114] 王建,肖家仪,柏春广等.江苏中部潮滩沉积的季节性判别[J].海洋地质与第四纪地质,2002,20(1):31-34.

[115] 王建,徐永辉,孙爱梅等.江苏中部潮汐层理所记录的环境信息研究[J].第四纪研究,1999,(6):34-38.

[116] 王建主编.现代自然地理学[M].北京:高等教育出版社,2001,22-27,71-73.

[117] 王开发等.长江三角洲表层沉积孢粉、藻类组合[J].地理学报,1982,37(3):261-271.

[118] 王绍成.河流动力学.人民交通出版社,1991.

[119] 王艳红,张忍顺等,淤泥质海岸的形成过程及其机制,海洋工程,2003,5(3):32-36.

[120] 王永吉、苟淑名.江苏北部沿海第四纪海相地层中的孢粉分析[J].海洋与湖沼,1983,14(1):35-43.

[121] 王运洪.波浪水流共同作用下的底沙的起动[J].海洋科学,1983,5(3):35-39.

[122] 吴宋仁主编.海岸动力学[M].北京:人民交通出版社,2000,160-174.

[123] 吴作基,J Gray.美国西北部克拉其亚湖相层纹泥沉积的孢粉学证据[J].海洋与湖沼,1987,18(2):181-187.

[124] 徐宏明,张庆河.粉沙质海岸泥沙特性实验研究[J].海洋学报,2000,3:42-49.

[125] 徐家声.孢粉在苏北沿海辐射状沙脊群地区沉积研究中的作用[J].沉积学报.1987,5(4):147-157.

[126] 徐家声等.黄海大气中的孢粉及其对海底沉积物中孢粉组合的影响[J].植物学报,1984,36(9):720-726.

[127] 徐敏.波流共同作用下的泥沙起动和岸滩变形(南京师范大学博士论文)[D].1999年.

[128] 徐敏.侵蚀性细沙粉沙质海岸平衡剖面的塑造(南京师范大学硕士论文)[D].1996年.

[129] 徐敏.侵蚀性细沙粉沙质海岸平衡剖面的塑造[C],第八届全国海岸工程学术会议.

[130] 徐孝彬.茅家港工程的工程地貌学分析(硕士论文)[D],1997年.

[131] 徐永辉. 潮汐层理成因机制与潮滩沉积序列中的风暴潮沉积事件研究——以江苏东台海岸潮滩沉积为例(硕士论文)[D],1998.

[132] 徐元,王宝灿. 淤泥质潮滩表层沉积物稳定性时空变化的探讨——以长江口南边滩东海农场潮滩为例[J]. 海洋学报,1996,18(6):50-60.

[133] 严恺主编. 海岸工程[M]. 北京:海洋出版社,2002,206-236.

[134] 阎俊岳. 中国近海气候[M]. 北京:科学出版社.1993年:159-170.

[135] 杨华,麦苗. 粉沙质海岸建港的新模式[J]. 水道港口,2004,25(1):7-10.

[136] 杨世伦. 长江三角洲潮滩季节性冲淤循环的多因子分析[J]. 地理学报,1997,52(2):123-130.

[137] 虞志英,劳治声,金庆祥等. 淤泥质海岸工程建设对近岸地形和环境影响[M]. 北京:海洋出版社,2003,1-153.

[138] 喻国华,陆培东. 江苏吕四小庙洪淹没性潮汐汉道的稳定性[J]. 地理学报,1996(2):127-134.

[139] 张国栋. 苏北强港现代潮沟沉积研究[J]. 海洋学报,1984,6(2):225-233.

[140] 张国栋. 苏北强港现代潮坪沉积[J]. 沉积学报,1984,2(2):39-51.

[141] 张茂恒,王建. 盐城上冈全新世有孔虫组合的环境意义[C]. 中国地理学会地貌与第四纪专业委员会编《地貌.环境.发展——1999年嶂石岩会议文集》.北京:中国环境科学出版社,1999:182-186.

[142] 张铭. 海温对台风影响的数值实验[J]. 科学通报,1985,30(18):1400-1402.

[143] 张忍顺. 潮滩沉积动力学研究概况[J]. 黄渤海海洋,1987,5(2):71-78.

[144] 张忍顺. 苏北废黄河三角洲及滨海平原的成陆过程. 地理学报,1984,39(2):173-184.

[145] 张勇等. 波浪作用下淤泥质海滩剖面侵蚀过程的计算模式——以江苏北部淤泥质海岸为例[J]. 海洋工程,1993,11(4):74-83.

[146] 赵冲久,刘富强,曹祖德. 粉沙质海岸泥沙运动特点的实验研究[J]. 水道港口,2002,23(4):259-261.

[147] 赵冲久,秦崇仁,杨华等. 波流共同作用下粉沙质悬移质运动规律的研究[J]. 水道港口.2003,24(3):101-108.

[148] 赵子丹. 波浪作用下的泥沙起动[J]. 海洋学报,1983.1(2):31-38.

[149] 中国水利学会泥沙专业委员会主编. 泥沙手册[M],北京:中国环境出版

社,1989.

[150] 钟石兰、祝幼华、王建等. 江苏盐城上冈全新世颗石藻及其环境控制[J]. 微体古生物学报,2001,18(2):149-155.

[151] 钟兆站. 中国海岸带自然灾害与环境评估[J]. 地理科学进展,1997,16(1):46-48.

[152] 周益人. 波浪作用下的泥沙起动[J]. 水利水运科学研究,1998(4):338-346.

[153] 周益人. 粉沙质泥沙沉沙池设计方案的试验研究[J]. 水利水运科学研究,1998,2:139-148.

[154] 朱大奎, 柯贤坤, 高抒. 江苏海岸潮滩沉积的研究[J]. 黄渤海海洋,1986,4(3):19-26.

[155] 朱大奎, 李海宇, 潘少明, 尤坤元. 深圳湾海底沉积层的研究[J]. 地理学报,1999,54(3):224-230.

[156] Wang Kedao, Wang jinhua. Groin-offshore breakwaters engineering Impacts beach landform of MaoJiaGang [J]. Regulatory Regional Economic Challenge for Mining, Investment, Environment and Work Safety, 2010(7):132-135.

[157] 王轲道, 王金华, 王建. 茅家港潮滩沉积物磁化率变化及其与粒度的关系. 海洋通报,2011,30(5):5629-565.

[158] 王轲道, 王建. 海岸工程对细沙粉沙质侵蚀性海岸的影响——以茅家港环抱式突堤航道防护工程为例. 海岸工程, 2004,23(2):19-24.

[159] 王建, 王轲道, 何加武. 茅家港突堤工程建造前后滩面沉积物粒度变化及其原因分析. 海洋通报, 2005,24(5):99-46.

# 后 记

    本书是在我的博士论文基础上修改而成的。在博士论文写作过程中,得到导师王建教授的精心指导。在本书出版之际,首先向尊敬的导师王建教授表示衷心的感谢!

    感谢王老师,从论文的选题、研究框架的构思到研究内容的确定,从野外调查获取数据、数字高程模型的建立、物理模型试验到论文的修改和定稿的整个过程中,无不浸透着王老师的大量心血。王老师在学习和生活各方面都给予弟子无微不至的关心,王老师为人谦和、学识广博、治学态度严谨,工作务实,实乃弟子心中的楷模。衷心感谢王老师孜孜不倦的教诲。师恩难忘,永铭在心!

    感谢谢志仁教授、汪永进教授、张忍顺教授、沈冠军教授、曾志远教授、王国祥教授、闾国年教授、林振山教授、倪绍祥教授、沙润教授、潘凤英教授、汤国安教授、张鹰教授、杨浩教授、徐敏教授、彭元老师、陈晔老师、陈仕涛老师、陈霞老师给予的帮助!

    在论文思路和物理模型试验上,得到南京水利科学研究院的喻国华教授和陆培东高工的关心、帮助和指导。在此对两位老师深表感谢!

    感谢柏春广博士、吕惠进博士、王艳红博士、刘振波博士、何尧启博士、齐得利博士、王成金博士、陈晓华博士、于文金博士、李安波博士、刘晓蔓硕士、熊万英硕士、贺清艳硕士、商志远博士、信忠宝博士在学习和生活上的支持与帮助。

    本书出版受到临沂大学学术著作出版基金、山东省自然基金项目(ZR2009EM008)、河口海岸学国家重点实验室开放基金项目(200912)和临沂大学博士启动基金项目(BS2007)的资助,在此一并向有关人员表示感谢!

本书在写作过程中参阅了大量国内外文献资料,除文末所列参考文献,会有遗漏,在此表示歉意!由于本书属于前沿性研究,且作者水平所限,不当甚至错误之处在所难免,敬请读者不吝赐教,不胜感激。

王轲道

2012 年 9 月